简单就好，
生活可以很德国

作者◉［日］门仓多仁亚

译者◉王淑娟

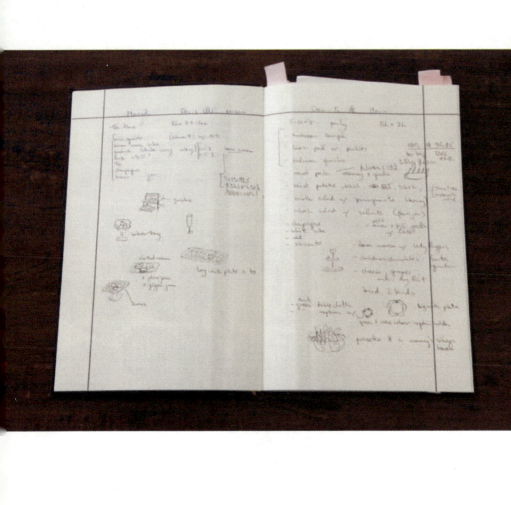

是德国，还是理性的简单生活？

——生活美食家　韩良露

我因好奇而开始阅读《简单就好，生活可以很德国》这本书，却从本来我以为自己是绝不德国化的，读着读着，竟变成"颇"德国的人了。

此话从何说来？年轻的我是很浪漫、随性、不拘小节的，若以国度来比喻，我当然是偏希腊、意大利、西班牙文化的天性。早年我的理财态度也比较随性，总像月光族般先享受美好的生活。当年的我觉得自己离德国人的理性与自律很遥远，说实话也不太羡慕照规矩过生活的人。当时有一则德国笑话说，只有德国人才会在空无车辆的斑马线前面等绿灯亮。

二十多岁的我，并不明白德国人守的规矩不只是社会、法律的规矩，而是早已内化成个人的、集体公共精神的纪律。

但二十多年前我开始在德国的大城小镇旅行，一些生活小事却给我留下深刻的印象。有一次到了奥格斯堡，周二住进小旅馆，原本预计住到周四，也问了每日房价，但后来改了行程住到下周一。付账时，我交出了六天住宿所需的马克现钞，旅馆主人却退回了一些钱，一问之下才知道，旅馆周末打七折。真诚实啊！我心里想，这种不欺生的态度才叫文明。但为什么周末要打折呢？因为德国人在周末根本不会从事公务，对恪守新教工作伦理的德国人来说，周末是安息日。

还有一回，我和德国友人在汉堡逛街时，朋友不小心打碎了店里的玻璃花瓶，但朋友和店员却不慌不乱地拿出文件填写。原来朋友像许多德国人一样都有投保外出意外毁损险，不仅不小心打破店家物品可理赔，去私人家中若打破东西也可以理赔。我听了心中直发笑，真是理性到家了嘛！当时我觉得做德国人生活太累了，干吗要连生活小事都风险管控至此呢？我还对德国朋友开玩笑说："放心！你到我家打破东西不会要你赔的。"但朋友却很正经地回答我："如果我不小心打破的是你家的贵重珍宝，你嘴巴上说不要赔，心里会不会有疙瘩呢？为什么不把这些可能让生活不愉快的意外交由保险公司承担呢？"

于是，预先做风险管控，先多做一点谨慎安排，不要怕麻烦，买个外出毁损附加险，从此就可以安心旅游访友了。因为预先做了准备，就不怕之后的麻烦，生活因此可以变得简单，而德国式的简单是用心去化繁为简的文明式简单，而不是不事先规划、凡事不做安排的落后式简单生活。

随着年纪增长，我在生活中逐渐学到不少功课，凡事也会多想、多预先做计划，慢慢地，我的生活越来越化繁为简，但我并未觉得自己在学德国人，直到看了《简单就好，生活可以很德国》这本书，才恍然大悟，我学到的简单纪律，其实就是理性文化，"德国"只是个理性文化的代名词，因为德国文明是特别尊崇与实践理性价值的。

少年、青年的我感性极了，生活得很狂放，也惹出不少麻烦，壮年、中年之后慢慢变得理性，生活也趋于平静、简单，如今的我真的变得像这本书中的德国人般：二十多年来我都有个小册子记录每日行事，每天早晨会查看今日必须完成之事，其余的事就不会放在心上；家中所有重要文件会固定放在一个抽屉内，从此就不怕找不到；重要的数字密码已分别抄在随身小册子中及家用手册里，养成从容不迫的习惯；生活中区分启动与关闭的时刻；饮食、衣着大体从简小处从繁（毕竟美食、美衣是生活中的美丽烟火）；花钱也是大体简朴小处浪漫；与人交往大疏小亲；工作态度大认真小随意……总之，我慢慢找到了日常生活的平衡感，以理性精神为准则，以感性精神为内蕴。

《简单就好，生活可以很德国》这本书，对于太感性、行为失序、生活混乱的人而言，是一本很值得学习的know-how简朴生活方法书。但我们对德国式过于规矩理性的原则也不该照单全收，毕竟最美好的生活是理性与感性并存的，遵循中庸之道的生活，希腊、意大利人或许该向德国学简单，但德国人何尝不也该向希腊、意大利文化学热情、善感与无拘无束呢？

前言

我发现自己每天的生活过得既忙碌又慌乱，总是不断地被时间追着跑。与朋友见面时，几乎都习惯性先问候对方："忙吗?"

在这种生活模式之下，我开始思考要怎么做，才能让自己不那么急躁与焦虑，期待能以适合自己的步调过生活。

其实，解决的方法很简单。像我的外婆与妈妈那般，将每天必须做的事当作例行公事去执行，让这些事成为不经思考就能完成的部分。至于其他事情，一律抛诸脑后，不要时时惦记着。

此外，对我而言，最佳的学习模板是妈妈的国家——德国。德国人的工作态度一丝不苟，但他们也相信持续工作不休息，工作效率必定变差，因此德国人非常重视休闲生活。对德国人而言，休息是神圣不可侵犯的领域。未曾听过有人会在周末工作，更不可能利用周末时间和客户打高尔夫球。

我在德国旅行时，曾目睹一位友人在周末收到手机传来的电子邮件而勃然大怒，因为那封邮件是从公司传送过来的。乍听之下，这样的反应或许让人觉得太极端，但我认为这种快刀斩乱麻的明快作风，正是德国人值得我们效法的生活态度。

进入社会已经二十三年了，至今我仍确信，最舒适的生活应该是不被繁琐事物所羁绊的简单生活。

不仅如此，心灵与周遭事物同样必须回归到简单朴实的状态，我愿在此向读者介绍我自己如何在这方面下功夫，身体力行去实践一种恬静的生活方式。

当读者开始针对目前的生活进行省思之时，希望本书能够给您提供一些不同的观点，也许是养成一种新的生活习惯，若能对您有所帮助的话，将是我最大的喜悦。

目　录
Contents

[推荐序] 是德国，还是理性的简单生活？　……006

前言……010

1　养成从容不迫的习惯

净空头脑　018

在生活上区分启动和关闭的时刻　021

早晨，一天开始之前的例行工作　023

制定规则　027

要回信的时间再开启电子邮件　029

和自己预约　031

活用玄关处　033

◎让生活有规律　037

2　简化资讯管理的习惯

绝对要分类，而且立刻分类　040

制作"待归档文件"盒　043

以筛选资讯取代剪贴数据　045

随身携带一本笔记本　046

只收集常用的资讯　047

做一本专属自己的食谱　049

记录重要的数字密码　052

把必须管理的事物减到最低　054

◎德国谚语　056

3　保持居家舒适的习惯

家事例行性与工具美化法　062

有效率的保持清洁法　066

摆设物品以方便打扫为考虑的原则　070

宁静的空间 074

插花简单化 078

动手裱框的居家布置 082

家里不要堆放纸箱 086

以小博大 088

居家平面设计规划 090

找寻自己最适用的料理工具 092

冷冻库的使用方法 095

喜欢的东西可以自己动手做 101

◎新生活运动 105

4　创造个人风格的习惯

衣服风格上不迷失 112

固定风格的服饰在四季的变化 114

不佩戴饰品　120

不拘泥化妆品牌　122

自助餐取用的礼仪　125

礼貌就是"不让对方感到不舒服"　127

◎德国人的休闲生活　130

5　**培养宁静心灵的习惯**

穿越斑马线不要奔跑　134

目的性购物　135

知足　136

不被广告迷惑　137

自己收拾善后　139

动手榨新鲜果汁　141

户外散步胜过上健身房　144

◎外公快乐的老年生活　152

6　人际交往的习惯

不要说"随便都好"　158

关于送礼　159

眼神交会　162

不用客套　164

拒绝的艺术　166

在传统中注入个人风格　168

制造与父母约会的温馨时光　170

跨越国界的和睦相处之道　172

自在做自己　180

后记……182

1 养成从容不迫的习惯

净空头脑

　　每天忙碌的生活中，偶尔会遇上同一时间必须处理许多事的情况。然而人只有一个身体和一颗脑袋，遇上这种时候总是疲于奔命。一旦需要处理的事情剧增，人就会不自觉地变得急躁，这个时候我会在心中开始对所要进行的事情做一番优先级的排列。

　　我会随时在桌上摆放一张待办事项的清单，将脑海中计划"必须做"的事形诸文字，再将它们一一列出来。当你一开始动手写，会先将直觉想到的事列出来，但它们的排列并不代表是最佳的优先级。我就是借着每天早晨浏览待办事项清单的时候，逐一考虑哪些事项必须在当天完成、哪些事项等到明天或下礼拜再处理也无妨，然后一一重组排列它们的先后顺序，同时依据这个顺序决定我当天的行程。

　　当你在脑海中输入"现在必须做的事情"之后，请务必全心全意去处理。以往我经常被堆积如山的待办事项压得喘

每天早晨，坐在桌前确认当天的预定行程，将必须做的事形诸文字。

不过气。举例来说，我进入社会的第一份工作是在证券公司工作，因为要学习的事物实在太多，靠自己钻牛角尖地埋头苦干总嫌不足，迟迟无法独当一面。每天我都会因为烦恼许多事情而唉声叹气，导致我在二十三岁的年龄就罹患十二指肠溃疡。

从这段经历当中，我发现了一个事实。那就是：同一时间担忧许多事情势必会造成脑容量超载，特别是担忧明天的问题并没有任何益处；担忧明天的事情不仅使我们无法集中精神处理眼前的事，反而浪费时间，徒增负面情绪。

身体和头脑只有一个，因此工作只能逐一完成。依序逐一烦恼，再依次解决就好。眼前最重要的是做好当下的工作和不出错，当你明白这层道理之后，持续提醒自己不要忘记，就能专注于当下了。

在生活上区分启动和关闭的时刻

妈妈是一位职业妇女，昔日为了兼顾工作与家庭，她经常忙得晕头转向。每当我暗忖"这会儿不知道她在不在家"而特意去探访她时，总是看见她安静地端坐在椅子上阅读。妈妈的家里到处有坐起来很舒适的椅子，在那些椅子上面肯定会摆着妈妈阅读到一半的书籍。妈妈通常会花二十分钟的时间阅读适合当下心情的书籍，这是她心灵的休憩时光。

妈妈阅读的时间是不容许任何声音打扰的。即使我叫妈妈，她也不会回答，即便回答也是说："现在是妈妈的时间，等一下再说吧！"

妈妈的回复令我印象深刻，另外还有一件事同样令我难以忘怀。

当我还是高中生的时候，全家住在兵库县西宫市。每当天气晴朗的周末假期，总能看见家家户户晒棉被的景象。若是连日阴雨绵绵之后，好不容易有天空乍晴的日子也就罢了，然而在德国出生的妈妈还是会很纳闷儿地说："为什么人们只在周末才晒棉被呢？"

妈妈想表达的是，应该做的事一定要确实做好，做完之后就可以好好休息。我承袭妈妈的思考与行为模式，总会利用丈夫外出的这段时间，把所有该做的家事逐一完成。当丈夫的周末假期来临，便可以从容享受两人的休闲时光。如果遇到夫妻同时得上班，只能利用周末来打扫的情形，就得在周末设定启动和关闭的时间。比如，上午是打扫时间的话，下午就是放松的休闲时刻。好不容易到来的周末，应该好好休息才是。

妈妈不仅重视自己的休憩时光，也非常注重他人的休息时间。平日的晚上七点钟过后和周末假日，她都不会打电话到我家（当然有急事另当别论）。爸爸是日本人，他的个性是随时想到就会打电话，据说妈妈总是劝阻他。妈妈的考虑点是平日为"营业时间"，工作已经够累了，为何还要在人家好不容易能够休息的时间打电话去叨扰呢？夜间与假日是用来休息放松的，不仅是让夫妻培养感情，同时也是家人团聚的私人时间。妈妈认为即使是父女至亲，也要顾虑到孩子们也有自己的家庭生活。

早晨，一天开始之前的例行工作

对我而言，早起是一件苦差事，我最喜欢躲在温暖的被窝里呼呼大睡。但是我的第一份工作需要在六点钟出勤，因此养成我在四点半起床、搭乘大约五点钟出发的首班车通勤的习惯。同时，也造就了我和同业的丈夫、好友们，这二十年来持续过着四点半起床的生活。

通过这个经验，我明白一件事：早起不过是一种习惯。当闹钟响起时，大部分人往往还想继续睡，假如你能在那一刻不假思索、马上掀开棉被奋然起身，并让这个动作成为每天的惯例，久而久

上/隔天早上要做菜肉蛋卷的话，我会在前一天晚上将鸡蛋和切好的蔬菜放入大碗，然后放进冰箱。
下/蔬菜、果皮等放在铺好报纸的盘子上，收拾好之后再扔入厨房的垃圾桶。不使用生鲜垃圾专用的垃圾袋。

之，你的身体自然会按照规律行事。一旦早起成为习惯，夜晚一定也会早早产生睡意，如果再严格一点，能控制在晚间十点钟上床睡觉，就能创造一种良性的生活规律。

早晨的例行工作非常重要。将许多非做不可、希望在晨光中执行的事排入每天的例行工作，就好比洗脸刷牙一样，你可以在过程中完成一连串动作。

若观察德国妇女的话，你会发现每个女性都身体力行她们特有的例行工作。比如，送家人出门之后，转身会顺便把门前的地垫拿起来弹一弹；推开窗户让室内空气流通后，会顺便去浇浇花等。她们会先做完这些例行工作，再展开一天的生活。

我介绍一下自己早晨的例行工作。首先，我会趁丈夫打理门面准备出门的时间，开始想一下今天早餐和丈夫便当的菜品。在准备前一晚的晚餐时，我同样会考虑到次日的早餐和便当的菜品。清洗蔬菜或解冻这类的处理工作，我通常会尽量在前一天晚上完成，再放入碗盘备用，若什么事都等到早上处理，实在很难在有限时间里完成，预先做准备的话，动作自然会快很多。

用完早餐之后，我会开车送丈夫上班。回家之后，我会先泡杯咖啡，厨房收拾妥当后，再端着咖啡到电脑前坐下。基本上，我一天只浏览一次电子邮件，并且尽可能当下决定如何回信。

读完电子邮件之后，我会开始查询数据并撰写文章。当然得好好利用专注力最好的晨间时光来做这些事。运用这段晨间时光处理不擅长的事务，往往出乎意料地顺利。最后，再对照行程表规划今天一整天的时间分配，这时候通常才早上七点钟而已。于是，我开始打点自己，展开一天的工作。

将扫帚挂在门把上，这样一旦看到脏乱和灰尘，就能立刻打扫。

制定规则

料理家务没有退休之日可言，这是必须一直持续进行的工作。假如必须天天整理房间、每天做菜的话，久而久之会变成一件苦差事。妈妈在年过六十之后，才开始拥有自己的工作，她考虑自己的体力与时间，而制定了一套属于自己的规则，好让自己的生活能够轻松自在，并且游刃有余。

有一天，妈妈在厨房里贴了这样一张便条纸。

"厨房每晚八点钟打烊。之后的时间麻烦大家自己动手。"

原本爸爸仍在工作时，即使再晚归，妈妈仍然会为爸爸做饭。爸爸退休后也采取妈妈的做法，开始制定相关的时间规则。

周日是休息日，基本上不做家事，不过若夫妻俩共度周末的话，还是得做饭。另外，我将周一和周四定为不进办公室的日子，这么一来就可以利用这些时间从事自己喜欢的活动。这些时间我只做自己想做的事，或者去看牙医之类不需要耗费心神的事，想做菜时就尽情挥洒，感觉疲乏的话就去外面的餐馆就餐。遇上工作忙碌时，这样的时间我会待在家里好好放松，若日子更悠闲，我会去看展览或逛街购物。

周二、周三、周五、周六我会进办公室工作，并利用周五晚上陪爸爸外出用餐。

当然有时候也会遇到例外或需要改变预定行程的情形。我觉得等到周日当天再来决定这一天的时间如何安排，心情上会比较自在而不受拘束。就像做菜时，若要求每次都必须做出一道全新的菜品，压力一定很大，但若每周循环一次相同的主菜，例如依序一天鱼肉、一天猪肉等，每天仍有不同的主菜轮流出现，但心情上会比较轻松。

要回信的时间再开启电子邮件

　　我通常只在要回信的时间才会开启电子邮件。因为我发现若是一直想着收到哪些信件而不断去确认收信，反复担心的结果反而是无法好好回信。在确认邮件和回复邮件上耗费太多时间是很累的，因此我将邮件收发列入例行工作之中，看信之后得当机立断，立刻决定如何回信。

　　我只在早晨确认邮件。即使遇到一整天都得坐在电脑前工作的情形，同样也只在早晨确认邮件。平日若没有特别等候哪封信件时，依然仅于早晨确认邮件。

　　因为考虑到可能会遇到紧急状况，为求使用的便利性，我买了iPhone。有了iPhone，即使电脑不在身边也能收取邮件，但也仅限于确认寄件者，尽量不阅读邮件内容。

　　开启邮件之后，我会立刻决定哪些信需要回复，将它们筛选归入数据夹存档，剩余的信件一概删除。我的收件夹通常保持净空状态。如此一来，每次只要针对收件夹的信件进行确认即可。此外，周六早晨我会确认邮件，但周日一律不看信。德国人非常重视的安息日，我同样很重视，也将安息日列入我个人例行生活规律的一环。

和自己预约

你是否会经常将不想做的事暂搁一旁，借口因为今天很忙而合理化这种行为呢？我就有这样的坏毛病，针对某些特定非做不可的事总是再三拖延迟迟不动手处理。一旦暂搁一旁的事越来越多，最后肯定会堆积如山。这时候，你必须拿出和别人预约时间的观念，来跟自己预约，并且要像与他人约定不能随便取消一样，一旦和自己预约，也要信守承诺。

首先，你可以检视自己的行事历。为求能够一览待处理事项，一直以来我偏爱使用一翻开，跨左右两页即可容纳一整个月记录的月历型行事历。然而每当着手规划行程时，我还是会觉得茫然，不知从何下手。

后来，我改用逐周检视行程的新版行事历，

翻开跨页即可浏览一周行程的行事历。

这么一来，我就能针对要上摄影课或烹饪课的那天，仔细记下每项行程的预定时间。行事历下面的笔记栏，可以用来记录准备采买的物品。如此一来就不需要凡事记在大脑里，只要查看行事历就能一目了然，心情自然轻松自在。

活用玄关处

如果你在出门之前还有一堆事没处理好，一定会手忙脚乱。究其原因，不是临时要找的东西太多而丢三落四，就是时间太急迫。为了解决这个问题，假如我打算将某物交给某人时，就会在想起这件事的当下，立刻把东西准备好，并且将这些东西挂在玄关的把手上。例如，当我一想到出门的时候可以顺便邮寄包裹，就会立刻把这些东西放在玄关。另外，像离开之前必须特别上锁的门窗位置或绝对不能忘记的重要事项等，只要一想到，我就会马上写在便条纸上，贴在玄关门前。

玄关是访客目光最先接触之地方，人们对一个家庭的第一印象由此产生，玄关也是应该尽量保持清洁的地方。保持清洁的第一步就是将鞋子收拾好。如果你有两双以上的鞋子，其中一双一定要收进鞋柜。鞋子穿了一整天，会因为脚汗的缘故而产生湿气，脱下后不必立刻收起来，先将鞋子摆在玄关通风一整天再收入鞋柜。此外，要使用吸尘器清理地板时，请先将玄关脱鞋处的鞋子收拾好再清理，这样也比较容易打扫，毕竟鞋子摆满一地并不好整理。

我家玄关唯一的家具是椅子，用来坐在上面穿脱鞋子极为便利。料理教室的朋友造访时坐的椅子，平时就摆在玄关当作暂放行李的置物椅。

老家的玄关有一面大型穿衣镜，方便家人出门前检视自己的外表。我家的玄关挂着一面高度正好可以看到脸的小镜子，家人外出前都会站在镜子前，整理仪容。我不在玄关处摆放其他的装饰品，就把那一面镶着漂亮边框的镜子当作装饰。

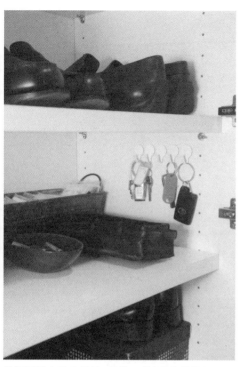

鞋柜里贴上几个挂钩,钥匙、面纸这类的物品可以放在里面。

玄关要经常保持干净清爽。将要带出门的物品整理起来放入篮子,方便记得携带。

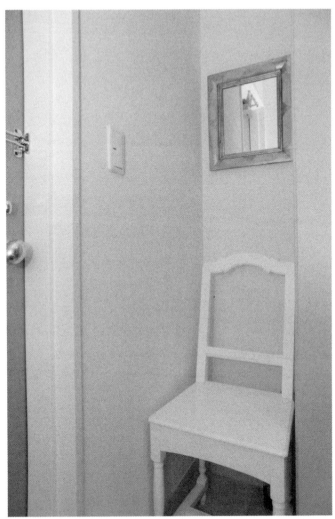

出门之前,先稍微照一下镜子再开门吧!

◎让生活有规律

德国人非常重视日常生活的规律。好的生活规律与好的习惯息息相关，都有稳定情绪的作用。我会留心包括接送孩子去幼儿园或托儿所的时间、睡午觉时间、吃饭时间、游戏时间等，尽力让这一切有规律。这么一来，不但能减缓肚子饿、睡不着等压力，也能让母亲与孩子获得充分休息，减轻孩子睡不着而产生的负面情绪。

我德国的外公今年已经九十岁了，他同样重视生活的规律性。

外公每天早晨八点钟起床，起床后立刻将棉被铺平，打开窗户让空气流通。接着，九点钟前往自己所喜爱的咖啡馆，一边看报纸，一边喝咖啡。不论刮风、下雨都坚持开车去咖啡馆报到的外公表示，这段路刚好让他练习开车。

回到家之后，外公稍微整理一下卧室，再外出到附近的老人之家用餐，下午回家睡个午觉，晚上自己动手做晚餐。

另外每周一，他定为自己的洗衣日。

我认为外公能长期过独居生活的秘诀，在于他力行"物品使用后，立刻物归原处"的原则。若我们想避免丢三落四、不停到处找东西的窘境，最佳对策就是彻底实施"物品使用后，立刻物归原处"以及"回家马上将重要物品放在固定位置"这两个动作。

外公总是将他的房间整理得井然有序，不会让人感觉是一位独居老人的住处，而是一个令人心情平静的恬静空间。

2 简化资讯管理的习惯

绝对要分类，而且立刻分类

德语有"Papier Krieg"这样的说法，意思是"文件战争"。文件包括电话费、煤气费等收据，记录消费明细的信用卡账单，银行文件，信用卡公司缴款单，各式各样寄到家里的信件……我无法一语道尽这些文件的名称。为了不被这些文件淹没，当务之急是必须让寄到信箱的文件减量，而应该收起来的文件则将它们归放到指定位置。

在德国独居的外公看见这类文件时，会仔细地一一归档。若收到银行寄来的通知单，他会当场拆封，看过内容之后，先在文件上做备忘记录，然后马上归档。如此一来，即使年岁渐长，容易健忘，也不怕事情一多会忘记重要书信摆到哪里，随时可以做好文件管理。

文件一旦堆积如山，就会变得越来越不想整理。为了避免陷入这样的窘境，我打开信箱收取信件时，会习惯边走边拆阅信件，随手将信件分成"要的"和"不要的"。

首先，我会把从信箱里取出的所有信件拿在左手，从最上面那一封开始拆开来看，若是广告传单等不必要的信件立刻抽出来放到最下面，归入"不要的一叠"。若是银行等处寄来的信件则马上拆封，再将它们分类成该归档或付款的，归入"重要的一叠"（放在不要的那一叠上面）。装在信封里的广告信同样归入最下面"不要的一叠"，如果是朋友寄来的信，则拆封只保留信纸，然后归入"重要的一叠"。利用搭电梯上楼的时间进行信件分类，等到回到家时，已经将所有信件分成"要的信件"与"不要的信件"了。

一进入屋内，马上把"不要的一叠"全扔进纸类垃圾筒，其中也包括所有不要的信封。

"重要的一叠"回家后得再一次进行分类。电话费收据等文件放入置物盒里（如后所述"待归档文件"盒），如果有喜欢的风景明信片，就拿来贴在书桌旁的公布栏上，必须再仔细阅读的书信就放在桌上，要付款的文件则塞进皮夹里。总之，从一开始就不让文件有机会堆积如山。

最容易让邮件量暴增的原因，通常是曾经消费过的购物中心寄出的商品目录。除了真正喜欢的商品之外，其余内容都是多余的，接收这类目录不仅浪费地球资源，扔掉它们也得费一番功夫。这时，最好的应对之道就是把邮件寄还原主。某些信我会原封不动、直接在收件者旁边标明"拒收"，加上签名后，丢回邮筒，这么一来，店家会立刻将你从收件者名单中剔除。

收到喜爱的店家寄来的特价目录我会很开心，只要这些店家继续保持寄送，即使没有其他店家的信息也无妨。毕竟现在是网络时代，随时可以搜寻到最新的信息，所以我将想要的信息限缩到最佳需求。

制作"待归档文件"盒

如果重要文件能够立刻归档的话最好，但实际上并不容易做到，因此必须制作"待归档文件"盒来收纳。我习惯将收到的书信先拆封，取出信封里的文件进行分类，当中若有需要归档的文件，一概先放入"待归档文件"盒里。之后若需要取用某个尚未进行归档的文件，就可以来这里寻找。因为"待归档文件"盒里是放入各种重要文件的，因此可以轻而易举找到。

当文件盒满到一个程度时，我会把所有文件散在地上进行分类。这比一张一张分类更有效率，对于怕麻烦的我而言，这种方法最好用。

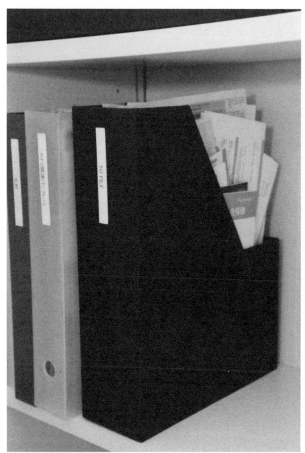

看到即将爆满的"待归档文件"盒,就知道该是分类的时候了。

以筛选资讯取代剪贴数据

翻阅杂志经常可以看到不错的流行讯息，会让人想要保存下来，比方看到很想试着做做看的食谱、有用的特别企划等。假如这些东西都保留到之后再归档的话，数据会堆积如山。我发现随着时间拉长，剪辑下来的数据不是过时了，就是已经派不上用场了，即使耗费苦心完成归档，最后的结局往往是直接摆上书架，不再翻阅。

现在，我决定不轻易剪贴任何数据。

至于阅读杂志的方式，我会仿效妈妈的做法。当阅读到自己有兴趣，而且会反复阅读的杂志时，我会随手将广告页或没兴趣的专刊页面直接撕掉。这么一来整本杂志只保留了我想要的内容，页数减少，数据不会分散各处难以找寻，要看的时候也方便。

随身携带一本笔记本

我出门的时候一定会随身携带一本小笔记本。小笔记本的尺寸比明信片大一点，约莫B6纸张的大小。行事历以外的提醒事项一律记录在这里。

诸如拍摄料理的灵感、杂志上刊载所喜爱的电影之相关数据、约会记录、汇款账号、不太需要归档却暂时得带在身边的某些商店名片等，全都收集在这本笔记本里。另外，假如有我想保留的报纸剪贴或朋友寄来的漂亮明信片，我也会一并用订书机订在笔记本里。

总之，当我手边有还不知道该归档到哪里的数据，一概先存放在这本笔记本当中。

只收集常用的资讯

我很喜欢看国外的食谱，经常按照食谱里的步骤试做书中介绍的佳肴，但是某些状况会让我觉得很困扰。例如：美国版的食谱所使用的计量单位和我们常用的"克""升"不同，他们采用英制单位，因此每当我想做美式料理时，必须先将计量单位换算成我能理解的单位才行。如果每次做菜之前才上网去查证换算实在很麻烦，于是我制作了一张自己经常使用的单位换算表，并且将它归档备用。

有了这张换算表，做菜需要确认时马上就能一目了然。假如有新的单位出现，只要查好且换算之后再加进换算表当中即可。其他还有：肉块放进烤箱后温度要设定到多少度烤出来才漂亮？

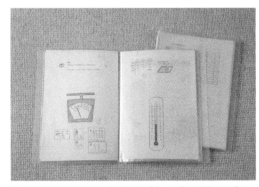

收集外国食谱做菜时所需的资料。图解更易于理解。

新鲜酵母换算成干燥酵母的对照克数，或是外国食谱的材料栏标明"奶油一条"的话，我该准备多少克比较好等等。我会去收集做菜时使用的各种数据。

不过数据并非越多越好，只收集真正需要的，才是一本便利簿。

做一本专属自己的食谱

不论是回到丈夫的故乡鹿儿岛省亲，或是回到德国老家，只要需要做菜，拥有这本小册子就能万无一失。这样的好帮手就是我的专属食谱。这本小册子里，收录了许多我经常料理的家常菜。

记得刚结婚时，即使不看食谱，我也能做出不错的西餐料理，但若要我做日本料理的话，如果没有食谱，就完全束手无策了。因此，我开始动手记录榨汁方法或马铃薯炖肉这类简易家常菜的做法。这本专属自己的食谱让我烹饪时格外便利，之后我陆续在我的专属食谱手册中增加了许多值得收藏的好菜信息。

我的专属食谱里收录了：婆婆教我做的鹿儿岛家常菜、在蓝带烹饪艺术学院所学的法式咸派、丈夫最爱吃的格子松饼以及许多有用的烹饪信息。

编写专属自己食谱的时间点通常是在我反复做这道菜很

多次，知道怎么做最美味，也确定以后会再做这道菜的时候，这时才会立刻将烹调这道菜的重点记在我的专属食谱中。若是驾轻就熟的菜，就省略详细步骤，只记录材料一览表即可。

这种只记录材料的做菜学习方式，源自蓝带烹饪艺术学院的教学方式。我在伦敦的蓝带烹饪艺术学院上过烹饪课，每次上课都会拿到一张附上料理名称和材料的纸张。接着你得一面看着主厨做菜，一面将这道菜的做法和步骤自己写下来。通过这种可贵的经验，我学会如何用心去撰写自己看得懂的笔记。

例如制作马铃薯炖肉这道菜时，理所当然的事前准备工作，例如清洗马铃薯、削皮、切块等，还有切法，都不难估计，因此只要记录材料的分量与调味料比例，就能边煮边思考最佳的烹调方式而顺利做出一道好菜。

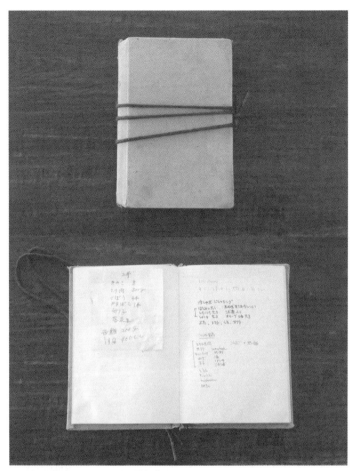

正面是正餐食谱，翻面则是甜点食谱。

记录重要的数字密码

我家有一本收录所有重要数字的管理手册，内容大致如下：

● 信用卡、护照、日本航空里程卡会员数据等必须记住的数字

● 打电话给德国外公必备的国际时差对照表

● 家人和亲友的地址、电话号码

● 家人和亲友的生日表

● 忌日表

● 网络银行的网址与账号数据

● 送报公司的电话号码

● 东京公寓管理人的电话号码

● 离开东京的时候"得先做的事"清单（包括清理垃圾、通知停止送报、设定电话留言方式等）

● 自鹿儿岛返家时的"必做之事"清单（包括关闭电路断

路器、热泵热水器等)

●鹿儿岛机场停车场的电话号码

●机场巴士时刻表

●搬家时必须申请地址变更的机关清单

●网络服务提供者的联络方式

●印鉴清单（哪颗印章盖用在哪里）

有了这本管理手册，搬家时就会很轻松，非常时期只要
带着这本册子就可以一切安心。

把必须管理的事物减到最低

如果你经常使用的信用卡有好几张，每个月寄到家里的账单肯定不少，相对花在确认账单和归档数据上的时间也势必增加。基本上一张信用卡已经够用，我个人使用的信用卡则可分为航空公司累计飞行里程的信用卡、网络购物信用卡和签账卡，共三张卡。

我尽量不申请点数累积卡，理由是点数累积卡不一定会使用，却得随身携带，实在很麻烦；同时可以避免想用的时候找不到而产生吃亏的负面情绪。我申请的点数卡只有四到五张，通常都以我常去购物的超市和家电量贩店为主。

银行账户如果能区分用途而妥善使用是很好，然而一旦账户的数量增加，寄到家中的相关数据必定随之增加。我家使用的账户则分为：丈夫主要往来银行的账户、专门支出生活费的账户、网络使用的信用卡银行账户以及我公司的账户。

至于水费、手机通话费等需要定期支付的费用，全委托银行从账户中扣缴。这么一来，不仅可以免去汇款的手续与时间，又能享受折扣，只要看存折就能清楚掌握每个月的支出状况，同时也可以取代家庭收支簿，十分方便。

◎德国谚语

以前外公常常在吃饭的时候教我德国谚语。或许是德国以农业立国的缘故吧，很多谚语都会以动物作为比喻。我发现许多谚语都与整理、整齐有关。

其中我记得最清楚的，就是下面这句谚语。

Lerne Ordnung, liebe sie. Sie erspart dir Zeit und Müh'.

"学习整理、整齐，喜欢上它。你就能省下很多时间和心力。"

我两三岁的时候，是由德国的外公外婆照顾，因此在德国生活过一段时间。外公常以生活中的各种题材为范本，细心教育我。

"脱下鞋子换拖鞋，鞋子同时请收好"，"到家脱外套，立刻挂衣橱"。

这些谚语听起来就像有人在一旁殷切嘱咐，当时学着吟唱这些谚语只觉得像在玩一般，由于被夸奖时会感到非常开心，于是激励我更努力模仿外公的一举一动。即使我长大之后，他依旧经常提醒我，有时虽会觉得有点厌烦，但我很清楚有些习惯是从小养成的，实在很难改变。想到这里，不由得就想起这句谚语。

Was Hänschen nicht lernt, lernt Hans nimmermehr.

"小时候没学的事，长大了也学不来。"

以下再为各位介绍几句德国谚语。

Was man nicht im Kopf hat, muss man in den Beinen habn.

"不用大脑，只好靠双脚去努力。"

当我说出这句谚语，仿佛看见外公当年笑着看着我的神情。这句谚语的意思是，没做好打扫整理工作的人总是到处找不着东西，换句话说，只要事先规划周详，就能立刻找到想要的东西，不需要费尽心思了。

Wie man sich bettet, so schläft man.

"床铺得如何，觉也就睡得如何。"

这句谚语多半用来勉励个人对自己所做的事负起责任。常用来形容当你决定参加超低价旅游时，就得做好一分钱一分货的心理准备；也用在形容人际关系上。用在常抱怨丈夫不做家事的老婆身上，则有"这不是今天才发生的情况，早在结婚前就是这副德性了"这样的意思。

其实想睡得好，得先买张好床垫，铺上舒服的床单，每天将床铺整理好，才能享受舒适的睡眠。

Ordnung ist das halbe Leben.

"整理、整齐就是成功的一半。"

勉励人不要浪费时间在找东西上，平常就要整理、整齐。

Morgen, morgen, nur nicht heute, sagen alle faulen Leute.

"明天、明天，就是不要今天，所有的懒惰虫都会这么说。"

困难的事情最好先解决，况且今天做好的话，明天就轻松了。

此外还有，

Wer nicht anfangt, wird nicht fertig.

"不开始，就没有结束。"

如同这句谚语所言，就算你放着不管也不可能自动打扫好，还不如一点一滴慢慢做，总有一天可以收拾完成。

最后以这句谚语作结尾。

Die Basis einer gesunden Ordnung ist ein großer Papierkorb.

"整理、整齐就从有大垃圾桶开始。"

3 保持居家舒适的习惯

家事例行性与工具美化法

做家事不全然是快乐的，光是看到还没整理的房间就觉得很累了。好不容易结束一整天的忙碌，想好好放松，却看见屋内凌乱不堪，到处是脏污，让人很难忽视。家事能做多少都好，毕竟如果居住的空间无法让自己感觉舒适，一定会令人感到心力交瘁的。

如果能够让乏味的家事变成每天的例行工作，不需要思考就能完成，心情一定轻松自在。设法让家里所有物品都有收纳的空间，如此一来就不必担心东西该收到哪里去比较好，收拾整理的时候也能够更轻松简单，不必大费周章而劳心耗力。

最理想的状态就是让做家事变得如同每天起床刷牙洗脸这般，成为再自然不过的例行工作。为了能够轻松简单地做好家事，得从一系列打扫工具着手。选择工具，不仅要考虑便利性，兼顾物美价廉，同时也要留意外观和设计感，才能

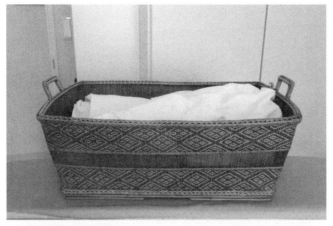

上/精美的竹篮用来放待熨的衣物。
下/在陶瓷容器里装入清洁剂。这是我看见妹妹用缺角的彩色水壶装清
洁剂时得到的灵感。

在各种家事情况下派上用场。

即使不买新的工具，家中现有的物品也会有出乎意料的使用方式。

我家里有一个大约十年前到泰国旅行时购买的篮子，是以竹丝手工编织成的，长方形且附有提把，当时我一眼看上就喜欢，立刻买下来。可是等我带回日本，却发现它的尺寸比我想象得大，摆不进衣橱，也找不到其他用途。某一天，我终于发现这个竹篮的最佳用途——我把它当成放置待熨衣物的地方。篮子本身手工精美，放置洗好的衣物或直接摆在床边的架子上都合适，摆着也好看。

另外，我在百元（日元）商店购买的陶瓷容器原本是有其他用途，但是带回家之后发觉它不符合原来设定的使用目的。本来还在烦恼不知如何处置它，却意外发现用它来装洗衣清洁剂非常合适。于是买来的清洁剂，立刻倒入陶瓷容器里。白底蓝线的容器精巧可爱，每逢洗衣服的日子，把它摆在盥洗室的柜子上，看起来就很协调，也让我觉得赏心悦目。

将麻线装入红色的圆形鹅肝酱盒子里，盒盖上打个洞，把线从里面拉出来，方便取用。

清扫厨房使用的小苏打粉装在宜家买来的调味罐里，好用又美观。

有效率的保持清洁法

想让家中常保整洁有两大重点：收拾整理、有水的地方保持干净。每天早晨一定要开窗户，前一天拿出来的物品一律放归原处。

将杂志、书本、电视遥控器、咖啡杯、衣服等物品，都摆回它们原本的地方，前一天坐过的椅子或沙发靠垫都要拿起来拍一拍、整理一下，睡过的床铺也要在早上整理完毕。最后是确认有水的地方。浴室里使用过的物品都要放回原处，拿自己用过的毛巾将浴室洗脸台的水擦干，再把擦拭过的毛巾扔进洗衣篮。总之，要将屋子整理到随时有人到访都没问题的状态，我预计整理所需的时间不会超过三十分钟。

至于家事，以往我会固定在每周某一天做某件家事。例如周一是洗衣日、周二是使用吸尘器打扫日等等。但是这种做法仅限于可以从早到晚一整天待在家里。每当有工作安排时，许多家事就会因此耽搁而累积，最后我不得不调整家事

要回收的空瓶罐的固定位置，就是将它们挂在厨房门的把手上。这么一来，买东西时就不会忘记带走了。

淋浴后所使用的浴室专用除水橡胶刮刀。

的做法。

德国上班族女性持续增加，因此一周只花一天做家事的人越来越多了。据说德国当地的女性一周上班四天，但她们会利用一整天来做家事！于是我效法她们的做法，周一不上班，把整个礼拜要做的打扫、洗衣等家事全部集中在这天完成。

虽然浴室也是一周打扫一次，但为了避免长水垢或发霉，浴室使用完毕之后的除水清洁很重要。不需要过度要求到完美，只要每次使用完淋浴间，将积水擦干净，就不需要再事后大扫除了，从结果论来看反而轻松。

除水清洁工作首先要用橡胶清洁刮刀将镜子、墙壁、玻璃上的水渍刮除。接着以吸水性强的抹布轻轻擦拭容易积水的地方，如镜子底下的沟槽、门的下面、水龙头等不锈钢材质的器具，最后打开通风扇去除浴室湿气。

或许有人会觉得很辛苦，但这些例行家务其实花不了太多时间，甚至花不到一分钟的时间，因此我要求丈夫也要在淋浴完毕后顺手进行除水工作。一开始他做得不太顺手，但只要多操作几次橡胶清洁刮刀自然会越来越顺手。不管做什么，只要持续两周以上就能养成习惯，除水工作也一样。每天早晨丈夫淋浴后，只要听见浴室传出"咔嚓——咔嚓——"的声音，我的心里就觉得很踏实。

整理的基本重点就是将所有物品放归原处。脱下来的夹克或外套先用衣架挂起来，吊在衣橱门上的挂钩上，静置一段时间之后再放进衣橱里。

摆设物品以方便打扫为考虑的原则

举例来说，将物品摆在柜台上，物品四周特别容易脏且堆积灰尘，因此打扫的时候必须移动物品才能擦拭或清洁该处。移动物品的动作其实很麻烦，为求打扫工作能轻松一点，应尽可能减少摆放装饰品，同时留意不随意摆放非必要物品。

我会在盥洗室的洗脸台上摆放棉花棒盒，基本上里面只放足够使用的数量，其余收在置物柜里。每天早晨使用完的盥洗用品都收在置物架上。吹风机、牙刷、化妆用具等，全都放在置物架上。浴室也一样，里面通常会放的物品是常用的洗发水、护发素、香皂。只用一次且近期不会再用的物品，就收起来。

厨房也采取同样的处理模式，通常料理台上不摆放任何物品。料理台这个地方空无一物对我来说比什么都珍贵。不管做什么事，如果什么事都被迫从打扫开始做起的话，恐怕连想做的欲望都没有了。心情好的时候才能立刻开工，因此

洗脸台上只有这些东西,方便清洁最重要!

得注意预留工作的空间。料理台上也可以选择摆放自动洗碗机，但对我而言，空间比自动洗碗机重要，因此我选择不放。

此外，调味料的种类也要精简，放自己有把握使用得到的几种调味料就好了。只要一闻到自己钟爱的调味料，就会勾起"好吃！"的美食记忆。但是厨房的收纳空间有限，不可能收集很多调味料，因此有需要时请尽量找寻替代的材料。

比方做某道菜需要使用红酒醋，作用是取红酒醋的酸味做调味，我通常以谷物果醋或柠檬汁作为替代品。

如果要用黑葡萄醋的话，可以拿家里现有的醋加入蜂蜜来代替。如果食谱上写着要用红味噌，但我家常备的是鹿儿岛出产的白味噌，我就会拿自制的醋加入白味噌来调味。如果食谱上注明要用豆瓣酱，我就会以辣椒或辣椒酱来代替。我常用诸如此类的替代方法。

所谓家常菜，正是由于每天味道都有些许不同所以好吃，因此不需要百分之百重现整道菜。虽然买超市现做即食菜很方便，但它们的调味总是一成不变，我觉得很容易吃腻。

提到现做即食菜，我就想到一件事。假如我去超市买现做即食菜的话，就不会把它放到餐盘上，既然是因为太累才会买现做即食菜来吃，就不要再增加洗碗的量了。

宁静的空间

我家客厅没有电视。我想或许是德国人天生对声音很敏感的缘故，日常生活中我几乎不曾将电视或音响打开，任由它们发出声音。工作室里虽然有电视，但开启的时间仅限于晨间新闻和傍晚的休憩时刻，基本上白天维持关闭状态。开电视的时候我不会边看电视边做事，而是会好好坐在电视机前面认真观赏节目。

在德国生活的妹妹一年前才买了电视机，但据说她也几乎不看电视。弟弟则没有买电视机。外公白天也不看电视（除非有足球比赛才会看）。外公家里只在餐厅放一台音响，平日只听音乐过生活。我则是在用完晚餐之后才会打开电视看新闻或观赏电影，这时我会坐在屋内看电视专用的座位上（调整后仰躺着）慢慢欣赏。

在日本，我觉得只要外出，就会有各种声音传过来。搭乘电梯有搭乘电梯注意事项的广播声、在餐厅里有用餐背景

客厅里不放电视和垃圾桶。

音乐、购物中心入口处若有三个不同方向就会有三种声音朝你而来。

　　或许是因为从小养成的习惯，我必须在安静无声的地方才能觉得安心。只要一打开电视，一半的注意力就会被转移，这会使我无法集中精神写作。英文有一句话："I cannot hear myself think."就是类似这种感觉，嘈杂的声音让你无法聆听自己的声音，不能明白自己的心意。这是很可悲的。只要消除音源，就能让自己集中精神应对眼前的事务，这样必能提高效率。

　　另外还有一项物品是我家客厅没有的，就是垃圾桶。我家只有三个垃圾桶。或许有人会大感讶异，觉得这未免太少了。其实房屋没有多大，三个就足够了。厨房里有一个主要的大型垃圾桶，洗脸台与工作室的桌子旁各摆一个小垃圾桶。我的工作室所产生的垃圾几乎都是纸类，因此特别摆了一个纸类回收箱。客厅没有放垃圾桶，因为厨房就在旁边，如果有垃圾的话，扔进厨房的垃圾桶就行了。

在网络上搜寻很久，终于找到一个条件完全符合的厨房专用垃圾桶,这是一个与橱柜料理台齐高,不是塑胶制,而且开口部位能完全关闭的垃圾桶。

插花简单化

插花真的很美！基于这个理由，我曾去学过插花课。刚开始第一堂课，老师就教我们花的角度要这样摆、若这样插的话接下来花要怎么插、什么样的角度才正确……可是，我怎么也学不会。

我家常用来装饰的鲜花，多半是由我的庭院（住的是公寓，其实也不算庭院）所摘来的。把各种不同种类的花收集成一整束就非常漂亮了，我喜欢这种带有自然原野风情的氛围。如果以买花的方式取得花材，一次得挑选很多种类，会比较麻烦，这时倒不如同一种花材一次买十朵左右（朵数视价格与握取的分量而定）。

鲜花带回家之后，我会把它们插在花瓶里。其实我家几乎没有称得上花瓶的容器，多半是以水罐、咖啡杯代替，将买来的花材通通插进去。若素材只有一种花，只要分量足、数大便是美，插起来也非常美观，至于长度是维持原

常春藤盆栽可以折取小段插在杯子里，或放在浴室里作为装饰。

来长度还是剪短，则悉听尊便，随心所欲。餐桌上的装饰盆栽则不宜过大，太大会遮挡视线，导致看不见对面的人，这时我会不假思索地将花枝剪短。或许有人觉得花枝剪短太可惜，其实剪短的花反而可以维持较长的时间。

小雏菊剪短插入小花瓶里。

动手裱框的居家布置

图画若是从画廊买来的肯定所费不赀。在我还无法如此出手阔绰的情况下，只要看见喜欢的风景明信片、照片，或是在市场发现的画，我会很开心地将这些图片裱框。

我有一批从柏林的旧书摊挖来的宝贝，是从一本旧图鉴里剪下来的花朵图片，一共十二张手绘的小图。我在想如果将这些花朵图片全部裱框，当作摆饰一定很美，于是到百元商店买了一些裱画用的外框。由于这些图片是从书本上剪下来的，尺寸都不大，而且形状各不相同，因此我决定使用软垫来辅助。将图片贴在软垫上再裱框，可以使图片更具景深而显得有层次感。至于软垫可以通过网络向卖家指定尺寸，再下单购买。

这些花朵图片一一裱框之后，我将它们全部挂在客厅墙壁的一角。挂上去之前，我事先在地板上模仿它们的排列位置，以决定最佳配置。决定好怎么排列之后，就将裱框画一

每幅画单独看都小小的不起眼，然而十二张画排列之后，却有不错的视觉震撼。

一挂在适当间距钉好的挂钩上。虽然每幅画单独看都小小的不起眼，然而十二张画排列之后，却有不错的视觉震撼。

照片我同样会裱框处理。虽然我不太拍照，但是却拥有不少具有特殊意义的纪念照。这些旧照片都压在箱子里，不像最近的数码相片可以保存在电脑里。但是，再开启档案来欣赏这些数字照片的概率很小。为了不让人生留下遗憾，我会将家人的照片裱框挂在走廊墙壁上当作装饰。这样就能每天看着外公外婆的照片而倍感温馨呢！

还有另一个运用照片来做装饰的方法。几年前我曾在一本英国杂志上看到一张十分喜爱的照片，那是一篇关于某知名主厨回到故乡意大利旅行，在那里与全新料理邂逅的专辑报导，刊头首页照片上的那位老婆婆的神态令我印象深刻，于是我将它剪下，长期保存。

那位老婆婆拥有因长年揉制意大利面团而变得粗壮的臂膀，照片里的她昂首而立，认真地向主厨介绍自己拿手料理所用的材料。从杂志剪下来的虽然只是薄薄的一张纸，但裱框入画之后，很有感觉。我将这幅画装饰在厨房墙壁上经常欣赏。

百元商店买来的相框没有挂绳，用自己家里的软铁丝来当挂绳。

右/挂在走廊墙壁上的亲人照片。

我非常喜爱的意大利老婆婆的照片。

家里不要堆放纸箱

我曾收到像苹果、橘子这类令人开心的礼物。每当一整箱水果送达我家时，第一件事就是立刻把它们全都从纸箱里拿出来。自己吃不完的部分就分装成小包装，送给邻居品尝。这也是敦亲睦邻的好方法。

自家吃不完的水果就用大盘子或篮子堆叠起来，就像插花一样，把它当成室内的装饰。不仅颜色美观，同时能闻到水果的芳香。

水果首重鲜度，收到之后立刻全部从纸箱里取出来是重点，如果一直放在房屋角落，就不知道下次何时才会去打开纸箱了。

新鲜的水果色香味俱全,也可以当成室内装饰与天然芳香剂。

以小博大

我最喜欢的圣诞装饰是植物类的圣诞红。我选购时会舍弃大型盆栽，反而购买大约八至十株小盆栽圣诞红回家，将它们全放入红酒冰镇桶或调酒盆里来装饰房间。

依据选购的盆子深度不同，需要不同深度的置入物。这时可以拿几张揉成球状的报纸塞在大盆子里，再把圣诞红小盆栽放入大盆子里，让植物的中心位置稍为突出一些，能营造一种气派华丽的视觉美感。

以小盆栽圣诞红组合的插花装饰。

居家平面设计规划

　　每当要搬家或想改变居家气氛时，我总是考虑很多问题。房间要如何分配？各种柜子要如何使用？怎么安排会更有效率？是否需要增添其他物品来提升机能？……这些问题可以交给专家处理，也可以靠自己决定。我会将想得到的事项全列在一本居家平面设计规划的笔记本里。若将设计图等数据画在纸张上，有时很容易搞丢，因此我习惯画在笔记本里避免遗失。

　　我的居家平面设计规划笔记本中，由正面翻开来看是东京公寓的规划，从背面翻开来看则是鹿儿岛住家的设计。我习惯将窗框大小、桌子大小等容易忘记的尺寸一一量好之后记在笔记本里。只要有一本笔记本记录整理起来，就不用在需要时再跑去测量一次。

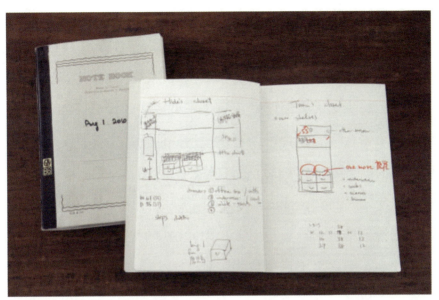

考虑公寓的衣橱如何使用所做的笔记。

找寻自己最适用的料理工具

　　方便好用的工具能达到事半功倍的效果。德国有许多专门销售方便好用的工具的店铺，但是不论再怎样好用的工具，若不经常使用就会变成多余的。举例来说，当你想要蒸煮一道料理，对许多人来说蒸煮工具是不可或缺的，但假如你平时很少蒸煮食物，或许可以考虑改用其他物品来代替。大家可以依据自己常做哪些料理来替换所使用的工具。

　　就我个人而言，削皮器是不可或缺的好用工具之一。由于德国料理常以马铃薯当主食，因此削皮的机会很多，削皮器就成为我厨房里不可或缺的工具。至今，我用过许多不同款式的削皮器，其中我最满意的是一款削皮刀，它不仅可以削马铃薯皮，也可以拿来削红萝卜和苹果皮。

　　此外，我经常制作糕点，因此激光温度测量器也是我厨房里的法宝。只要将需要测定温度的物品放在激光温度测量器的前面，对着物品按下测量器按钮，立刻能测得物品的瞬间温度。虽然蓝带烹饪艺术学院曾经教给学员一些不使用温度计的目测温度方法，但我总是不太习惯，因为不希望糕点制作失败。有了这个温度测量器之后，制作精致糕点方面，我就可以立于不败之地。例如在制作蛋黄酱时，必须在特定的温度调制下才能做出好味道，还有融化巧克力的温度控制更是不可少。激光温度测量器不仅在制作糕点方面很好用，炸食物测量油温也能派上用场呢！

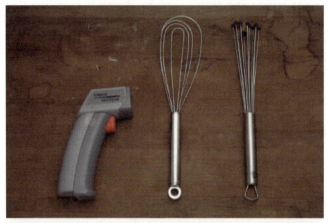

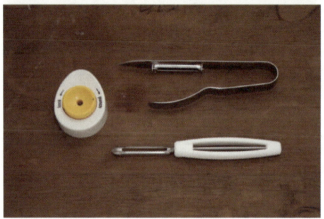

上/激光温度测量器(左)、混合少量食材使用的打蛋器(中)、制作浓稠度高的白酱所使用的混合器(右)。

下/用在水煮蛋上开小孔的工具(左)、芦笋削皮刀(右上)、最爱用的削皮刀(右下)。

冷冻库的使用方法

依据我个人经验，若没有特别目的而制作的食物，一旦放进冰箱的冷藏室或冷冻库里，结局就是忘记它的存在，最后下场大部分是丢掉。我通常会依据当周能吃完的分量来制作。除非我要到外地旅行或长期不在家必须替丈夫多准备一些冷冻菜，或是隔周想要烤比萨时，我才会多做一些菜预留并冷冻起来，总之我会在有清楚目的之情况才动手做菜。

冷冻库基本上只当作暂时保存食材的地方。比如东京买不到的竹荚鱼干、鹿儿岛做的手工饼干或冬天才吃得到的甜橘等，这些一时难以买到的食材都可以先冷冻起来，等到要吃的时候就能方便取用了。早餐吃的土司我会去喜欢的面包店，买一整条添加酸味菌种的土司，回家切成薄片之后，直接送进冷冻库保存（为了避免脱水，必须用夹子将封口处密封）。要吃的前一天再从冷冻库拿出来自然解冻或是要吃当天直接从冷冻状态放进烤箱里烤热即可。

我也经常将奶油冷冻备用。一般我会去专卖店购买几条大包装的奶酪（四百五十克），再依据用途将它们切成小块分装冷冻。若要拿冷冻后的奶油做糕点的话，要特别注意一定要多点时间让它们彻底解冻后再使用。因为冰冷的奶油不容易做出漂亮的蛋糕。

我会常备于冷冻库的食材，还包括冰冻的培根肉和鹿儿岛买的萨摩鱼饼。培根肉买来之后，我会先分装成每一百克一袋的小包装再冷冻，这样使用起来比较方便。我经常将培根肉用在德国风味的汤汁调味上，与其扮演相同角色的还有萨摩鱼饼。在烹调食物时，若遇到口味不够重的情况，适度加入培根肉与萨摩鱼饼能让料理呈现更具深度的风味。

培根肉除了可以用来做培根煎蛋、炒饭、意大利面、德式马铃薯之外，也能加入汤汁一起炖煮，另外把它煎成焦焦硬硬的脆片，还能加进沙拉里当装饰。至于萨摩鱼饼可以直接放进烤箱里烤来吃，也能加入拉面当装饰，加入中式风味的汤品也很美味。

我家必备的食材——培根肉和萨摩鱼饼，分成小包装后再放入冷冻库。

香料与夹土司的奶酪、火腿类放入同尺寸的容器里常备使用。

冰箱上方挂的是橡皮筋。除此之外，冰箱门上没有贴任何东西。

※培根蔬菜意大利面

这道料理适合放入任何蔬菜来烹调。除了材料表的蔬菜，另外像卷心菜、红辣椒、夏南瓜、茄子、葱、绿芦笋、玉米等食材，也常出现在我冰箱的冷藏库里。

■**材料（二人份）**

意大利面…120g　　　培根…40g

西蓝花…1/4棵　　　洋葱…1/4个

香菇…3朵　　　　　西红柿…1个

胡萝卜…1块　　　　辣椒…1根

橄榄油…4大匙　　　帕玛森奶酪…2大匙

盐…适量

■**做法**

一、意大利面煮到尚有嚼劲的程度，煮熟前五分钟加入西蓝花一起煮，捞起后稍微甩干水分。

二、培根切成宽一厘米的长条，以大平底锅烧热橄榄油

（两大匙），加入切成细末的洋葱炒至柔软状。香菇去蒂后，切成宽一厘米大小，放入一起拌炒。再加入胡萝卜与去籽辣椒拌炒至香气出来。西红柿去蒂后对切成半，加入同炒。最后，加盐调味。

三、将意大利面加入步骤二的所有菜料里，再加入帕玛森奶酪、一点面汤汁和剩下的橄榄油（两大匙）仔细搅拌均匀。

※萨摩鱼饼炒时蔬

特别适合与牛蒡、莲藕一起拌炒

■材料（二人份）

萨摩鱼饼···2片	胡萝卜···1根
芹菜···1根	酱油···1大匙
砂糖或味淋···2/3大匙	色拉油或芝麻油···少许
芝麻···少量	

■做法

一、萨摩鱼饼切成薄片，胡萝卜切细丝，芹菜去粗纤维切薄片。

二、平底锅加入色拉油热锅，加入萨摩鱼饼与蔬菜同炒，加入酱油、砂糖调味，胡萝卜若较硬可加入少许酒或水让它熬煮至软硬适中。

喜欢的东西可以自己动手做

　　东京的住处是租赁的公寓。因为不可能永远住在那里，我没有花太多钱装饰房子。不过即使是暂时居住，也不希望住起来不舒服，所以我还是尽量自己动手进行一点小改装工程，让生活过得舒适些。

※符合窗框大小的罗马帘

　　我的房间想要挂罗马帘，不过若特别订制的话，价格昂贵，这时候宜家就派上用场了。我买了三套罗马帘并排挂起来，量好窗框宽度后，锯断罗马帘上方过长的杆子。虽然我为此专门买了一把用来锯断金属的特殊铁锯，不过还是很

划算。最后，我家终于有一面完全符合窗户尺寸的罗马帘了。

※白板

我经常会收到家人、朋友及朋友小孩寄来的信件或明信

片，看完后立刻扔掉实在很可惜。我不会把它们全部留下来，但是重要的书信我会收藏到箱子里，其余的就挑选一些贴在白板上。

白板是用软乌木喷上白漆制成的。原本买来的软乌木材质是淡褐色的很醒目，为了配合我家的白色墙面，我把它喷成了白色。

每当坐在桌前，贴在白板上的风景明信片和照片旋即映入眼帘，我可以由衷地感受到对方的心情，这种感觉实在太幸福了。

若有新增的信件想贴在白板上，只要取下旧的替换即可。

※在箱子上贴标签

预先买来存放的卡片、明信片、打印机墨盒、DVD空白片等琐碎物品都适合收纳到箱子里。你可以使用空箱子收纳，而我个人则偏好使用有标签的箱子。

若一次拥有几个相同的箱子，可能会忘记东西收到哪个箱子里了，因此最好能立刻贴上可以填写内容物的标签。但是有附标签的空箱价格昂贵，于是我到宜家买了平价没附标签牌的箱子，再自己动手做标签。

（左上）从箱子内侧栓紧螺丝。（右上）五金店买的金属标签片和螺丝。
（下）在宜家买的箱子加工成有标签的箱子。

※隐藏电线的办法

我最讨厌的东西之一就是电线。

我们的生活中充斥着各种电器用品，不论走到哪里都有电线垂挂在旁，这一点令我很介意，于是我便设法隐藏电线。

比如，放在厨房角落的桌上有电水壶，我便在桌脚钉上能钩住电线的钩子，这样电线就可以沿着桌脚紧密贴合。处理电脑或打印机的电线时，则在旁边的书架上直接开个孔，让电脑和打印机的电线全隐藏于书架后面。

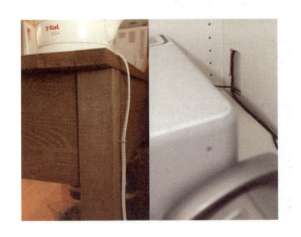

◎ 新生活运动 (Lebensreformbewegung)

自古以来，德国人非常重视森林，与森林朝夕相处。然而让德国人的生活产生大转变的是，从十八世纪至十九世纪兴起的工业革命。

拜工业革命所赐，昔日经历农村生活的人们纷纷进入工厂工作，形成都市化的效应。快速工业化，导致人类的生活环境越来越恶化。许多人共同生活在狭小的屋子里，食物匮乏，难以歇息，生活环境恶劣。

其中，各个领域都有人广泛发起改善生活运动。这些运动被称为"新生活运动"（Lebensreformbewegung）。德文直译的意思，就是"生活改造运动"。

在这波运动中，一群人认为西装的设计应更具开放性，主张人类应该生活在自然环境里。此外，他们认为人体有自然疗愈的能力，不能仅依赖西方医学，说服大众多吃健康的食物（尽可能是蔬食），以自然能量的治愈力来治病，其中有些人推广使用香草。

日本知名的有机保养品薇莉达（Weleda）、教育学者出身又致力于无农药有机栽种法的史坦纳博士（Dr.Steiner）、专卖沐浴盐的克奈浦（Kneipp）以及有机保养品牌德国世家（Dr.Hauschka）等，都是代表性的推广者。

自己动手做从周日开始的简易行事历。

孩童时期，我常去一家叫"德风健康馆"（Reformhaus）的商店购买杂粮面包和精油。如今这家商店在德国有许多连锁店，专门出售天然食品与化妆品，另外他们在德国

桌旁挂钩上挂着购物用的编织袋。

上/收纳书籍的扁平箱贴上胶带,当作标签,标示内容物。
下/将名片收纳在名片活页里,存档在布质封面的活页资料本中。

街头的大型连锁超市也拥有不少店铺。

倡导"新生活运动"的激进者纷纷加入绿色组织，向重视环境保护的德国人灌输这个概念，也继续传承新生活运动。其实这个概念也是基于德国人原有的生活方式的。

每当我与外公一起走到森林时，他经常这样说：

"要大口深呼吸，让新鲜空气送进肺叶每一个角落喔！"

当我身体不舒服时，他常对我说：

"拿热水袋热敷身体吧！多喝花草茶！好好放个假让身体休息吧！"

小时候，我并不知道这也算新生活运动，但是在外公外婆和妈妈的教导下，自然而然承袭了这些观念。

在此我介绍一些关于新生活运动的概念。

● 摄取营养食物
● 呼吸新鲜空气
● 照射日光
● 适度运动

●冷天锻炼体魄

●喝干净的水

●学习正确呼吸法

●珍惜宁静时刻

●整理思绪，每天保持情绪稳定

最重要的是，在生病之前先努力维持身体健康。不仅要身体健康，心灵的健康同样也很重要，要将目标设定在保持身心平衡的最佳状态。

对人类而言，最重要的是生活步调。所谓："日出而作，日落而息。"身体状态不太好的时候，以热水袋和冰枕交替敷在身上可以激发自然疗愈力。为了工作与玩乐而活动或动脑固然重要，但是给自己宁静时刻也同样重要。

总之，德国人透过各种意义传达维持均衡的重要性。

4 创造个人风格的习惯

衣服风格上不迷失

女性的流行世界极为广阔，虽然新鲜有趣，但相对地也容易被流行趋势所影响。不能坚持自我风格的人，往往容易迷失在其中。我并不讨厌流行服饰。穿漂亮衣服能令人心情愉悦，外出时也能展现个人风采。但是我总觉得耗费时间精力去翻阅服装杂志或逛街寻找适合自己的衣服，其实是一件蛮累人的事。

为了减轻选购服装的压力，我给自己制定一些规则。一是鞋跟的固定高度。除了参加宴会外，我基本上习惯穿平底鞋。一旦决定好鞋跟的高度，裤子的长度也就能够确定，这有助于我选购长裤的款式。

不论再怎么谨慎选购服饰，衣服的数量依旧会不断增加。一旦累积到连自己都无法计算的数量之后，恐怕会连放到哪里都不知道，寻找时会造成极大压力，因此我决定以衣橱的空间来考虑采购的数量。

我喜欢穿平底鞋,遇到喜爱的芭蕾舞鞋款式时,会黑色、咖啡色各买一双。

一年两次,每逢衣服换季的时节,我会重新审视自己的服装,将不穿的衣物处理掉。丢弃的理由很多:可能是高价买来却穿不到的衣服,很喜爱也经常穿但现在腰围不合适的衣服,耗损过度的衣服,等等。如果不适度丢弃或处理掉一些衣物的话,衣橱恐怕会被塞爆,因此如上所述的衣服我通常会当机立断丢弃或送人。只要衣服的数量减少,肩上的压力仿佛也卸下了。

固定风格的服饰在四季的变化

所谓的穿衣时尚在德国并不流行，不论你到哪里，遇到的人大多拥有自己的着装风格，大多数人穿着简单朴素。基本出发点以干净、整洁为美。我小时候个子长得高，当时没有适合自己尺寸的衣服和鞋子，因此造就我有某种情结。我不喜欢风格特殊的服装，多半选购基本款服饰，基本款剪裁简单利落反而好搭配。我选购的衣物多以能够耐穿数年，并且可以搭配任何色系的丝巾者为主。

依据生活形态的不同，你得变换必备的服装。在公司上班时期的我几乎只穿套装。但目前我的生活已经很少有需要穿套装出席的场合了，大部分时间都花在进出厨房和摄影作业上，因此得穿着舒适利落且易于清洗的衣物。偶尔遇上需要出席公开活动时，我也需要一些能吸引目光的亮丽服饰。我认为还是得准备几套适合出席类似结婚纪念日等特别之夜的服装，在此向读者介绍我的衣橱。

这是我所有的衣物，最上面的两层放的是过季衣物，一年会交换两次位置。

◎春

春寒乍暖的时节里天气总是忽冷忽热的。这样的美好季节正是转换心情的好时机，应该把深色的厚重冬衣收起来了。我特别为这个时候买了一件初春薄外套。选择适合全年穿着的米色系也不错，因为我的雨衣是黑色的，所以最后我选购了嫩绿色的外套，这个颜色让我感觉很清爽。

我的基本款服饰，下衣通常是方便活动的棉质卡其裤装，这种质料春、夏、秋三季都可以穿；上衣则会选择单色、无花纹、可以洋葱式重叠穿法的款式。我有很多件不同颜色的七分袖T恤，天气寒冷时穿在里面，天气较温暖的话则直接单穿。有点凉意时再穿上外套或重叠穿两件，颜色重叠的穿法也很有趣味。

这个季节还是脖子会有凉意的时期，但是围冬季的围巾稍嫌厚重，所以买了好几条春季的丝巾。外出时我会穿黑色的八分裤搭配平底鞋。另外，我也有白色和米色系的夹克。

◎夏

夏季服装以T恤配棉质卡其裤为主，外出办事时与春季穿着一样，穿着八分裤搭配平底鞋。身穿白T恤，脖子围上一条丝巾就能打造华丽的风格，至于包包，也可以搭配亮丽多彩的款式。这种搭配让我乐趣无穷。上半身穿着轻质凉爽的彩色上衣，下半身搭配固定的基本款长裤，外出时再稍加变化即可。

◎秋

基本上与春季相同也是洋葱式重叠穿法，套上一件轻薄的羊毛衫就搞定！洋葱式重叠穿法也适合一般外出场合，搭配丝巾和包包就能展现不同的风貌。因此，我有很多条适合冬天围的围巾。只要脖子围上围巾，温暖度就大大不同。

脚上穿的一定是好走的平底鞋，方便行走对我来说特别重要。若是遇上必须穿上美丽鞋款的场合，我会先穿运动鞋赴约，等到达饭店或目的地时再换上美丽的高跟鞋。

◎冬

冬天是以德国风为范本。在德国时，我学习到鞋子和外套的花费是不能省的。唯有如此，人们才能温暖过冬，看起来也体面。德国比日本更寒冷，御寒对策首重厚底靴，尤其是能包覆脚踝甚至腿肚的长靴，另外能覆盖到腰部的外套也很重要。我的固定穿法是在平时穿的夹克之外，再套上大衣，也会穿上方便走路的长靴，最后再搭配围巾增添风采。

冬天穿着棉拖鞋,脚温暖了,全身也跟着温暖。

我的围巾有各式各样的花色,通常一年自行清洗一次。

不佩戴饰品

有一位瑞士籍友人邀请吃饭，我和丈夫联袂出席。落座时，宴会主人的视线投向我们两人的手腕，问："你们不戴手表啊?"我不知道瑞士是不是有出席受邀场合一定得佩戴手表的礼仪。

现在我不只手表，连一般饰品也没有佩戴。刚结婚时还会戴订婚和结婚戒指，现在已经全部拿掉了。常出现在我身上的饰品就是围巾。

基本上我会选购耐穿实穿的服装，以围巾来作为色彩的点缀，因此围巾的数量不少。即使朴素的衣服只要搭配漂亮的围巾，整体形象与氛围就能焕然一新，变得华丽，而且也不必担心尺寸不合的问题。使用上不仅没有场合的限制，也没有流行不流行的问题。因此，丈夫出差时都明白若要带礼物回来，买条围巾准没错。

衣服配色时，可以善用围巾。你可以拿一条有图案的围巾，依据它上面包含的色彩来选择衣服。像紫色和绿色，乍看之下并不搭调吧？若要组合这类的色彩时，可以在紫色毛衣外面套上绿色外套，再围上兼具紫绿二色的围巾，就有整体感了。

不拘泥化妆品牌

　　我的妈妈是德国人，妈妈在洗脸台前的保养程序很简单。先洗脸、洗手，再用蒸热的毛巾敷脸，最后从大罐妮薇雅乳霜中挖出足够分量的乳霜，仔细涂抹在脸上、手上和嘴唇上。她不用化妆水，也不在早晨化妆，整理仪容奉行简单清洁的原则。

　　德国人喜欢自然原貌。时至今日，德国女性依旧是这样的观念。在二十年前德国人就认为比起穿泳装，还不如呈现自然的人体来得好，因此早在当时她们就以这种姿态去海边了。上空沙滩并不是特定人士的权利，只要你喜欢也可以这么做。

　　妈妈在六十岁生日即将到来的某天，对家人表示："今年我想去上空沙滩庆祝我的生日。"家人虽然冷淡响应："想去的话就去啊！"但实际如愿以偿走一趟上空沙滩庆生之行的妈妈告诉我："感觉好开放，真是极好的经验！"

　　或许是受到"自然的最好"价值观影响，我在使用化妆

这是朋友自制的礼物,天然丝瓜水。每年颜色都稍不相同,很有趣。

品方面完全不受限制。保持清洁是必要的，过度化妆反而会让皮肤的状态变差。

我早晚例行的保养程序很简单。洗脸之后我会拿朋友送的天然丝瓜水涂抹全脸，之后再擦上德国购买的有机天然保养品牌的乳霜。早晨我会特别针对容易发红的脸部，涂抹上含有调和肤色成分的妮薇雅乳霜，再画个眉毛即可。总之，要经常保持皮肤能够自然呼吸的状态。

皮肤的保湿很重要。与其使用一大堆高价化妆品，我认为倒不如每天持续做好皮肤保湿工作来得重要。

自助餐取用的礼仪

有一部电影《高斯福庄园》（*Gosford Park*，二〇〇一年），剧中以二十世纪三十年代英国郊外的乡村别墅为舞台，描写贵族与用人的故事。电影里有一幕场景，是一个美国商人从屋内下楼要去用早餐，而走入万头攒动的人群里，那个场景令人惊讶。看过这部电影的英国人表示："英国绅士不会让别人伺候早餐的。因为我们会以自助餐的方式来选择想吃的食物。"

享用自助餐，每个人都可以随心所欲，挑自己喜欢的料理开心享用，它的魅力也在此。一套完整的西餐料理是由冷盘前菜、温热前菜、汤品、沙拉、意大利面，然后是主菜，像是鱼肉等肉类料理，最后是甜点和咖啡，与我们平时吃全餐一样，每道餐点依序上桌。

首先，我会先不拿盘子，到自助餐的供餐台绕一圈，看看有什么菜品。接着再选择搭配自己的餐点，依序取用前菜、主菜、甜点三盘，这是比较聪明的吃法。因为是自助餐，就算多次去供餐台上取用菜肴也是合理的事。

将盘子装得满满的，像一座山一样放在桌上，还没吃完又去拿其他菜的吃法实在不美观。基于得起身多次去拿菜很麻烦的理由，一开始就去拿好几盘菜回来摆在桌上，或只靠太太一个人来回，拿取自己及家人的部分，这些都不是有格调的做法。当然若肚子饿，可以前菜取用两次，主菜吃两次也无妨。然而装盘的分量太多，看起来就不精致美味了！

用餐的礼仪还有一项。比方拿咖啡杯或玻璃杯时，常见到不用单手，而以双手捧杯的动作。像这样以手捧杯的行为看起来很孩子气，就像无法单手举起杯子的小孩子才会用双手捧杯的感觉。当侍者替你倒啤酒时，以手扶杯子带有向对方表达acknowledgment（感谢）之意，但接过对方倒的酒来喝时，就不该再用双手捧着喝了。

礼貌就是 "不让对方感到不舒服"

　　丈夫远渡美国开始大学留学生涯的时期，据说生活上最让他紧张的是吃饭这件事。

　　提到餐桌礼仪，我们会想象一张桌子上摆满刀叉的情景，取用时要由外而内依次使用才是应有的餐桌礼仪，但是这个规矩是受邀前往贵族举办的晚宴的礼仪。平日生活中并没有这些礼仪限制，完全不需要挂虑。

　　日本的餐桌礼仪和西欧国家的餐桌礼仪基本上相同。一起用餐时只要留意避免让同桌的人产生不舒服的感觉，能做到这一点就足够了。话虽如此，但实际上是

叉子放在盘子左边，刀子放在盘子右边，甜点用的汤匙则放在盘子上方。

否会觉得不舒服，取决于文化差异。一般德国人的家庭，妈妈教育的餐桌礼仪如下：

首先，最没礼貌的行为就是用餐时发出声音，这是非常没有品味的举止。声音包括啜饮汤汁的声音、食物含在口中发出含混说话声、餐具敲击盘子的声响等。当你将食物送入口中时，假如正好有人问话，请以手遮口，用眼神示意请对方稍候一下，等你嚼碎吞下食物之后再回答，这样才有礼貌。

人与动物最大的不同，在于人会使用工具吃饭。用手（吃带骨的肉类除外）抓取食物或是以口就碗盘等动作基本上一律禁止。孩童时期的我，经常急着吃完盘子里剩下的最后一口食物，就会直接用手把食物叉在刀叉上来吃，因此被大人纠正过无数次。所以用餐时要留意先将食物切割成易于入口的大小再食用，吃生菜时，同样也要使用刀叉将食物送入口中。

用餐时坐在椅子上的姿势要端正，端坐面向正前方，双手要放在桌上。将手藏在桌子底下，仿佛你想做什么坏事似的，因此规定双手要放在眼睛所能及的地方。

想让自己更有自信地使用刀叉的最佳秘诀，就是去欧洲的餐厅观察别人的使用方式。餐厅是最能见习到优雅人士的举止之处。至于刀锋要朝上或朝下，这类比较细节的礼仪则是依据国情各有差异，这都是晚宴才会遇上的问题。平日用餐的话，知道大致上的餐具排放方式就可以了。

在欧洲，摆盘是叉子在盘左方，刀子在盘右方，甜点用的汤匙叉子则是在盘子上方。刀叉按照摆放的顺序使用，不可左右手对调顺序。但是美式用餐礼仪则允许在切割食物后，将叉子换到右手以方便将食物送入口中。

在西欧，即使是在拘谨严肃的高级餐厅，很意外的是，大家仍能自在享用美食。观察各种人的做法，只要掌握到别让对方感到不舒服的个人风格就没问题了。拥有个人风格，你就能有余裕充分享受用餐的乐趣。

◎德国人的休闲生活

对德国人而言，休闲时光极为重要。即使热衷工作的人也深信唯有充分休息才能彻底充电、恢复活力。德国上班族每年有三十至四十天的有薪休假，而且人人都认为把假期用完是理所当然之事。

假期的基本目的是要让身体心灵回归平静。如果有长达二至三周的完整假期，德国人大都会前往位于湖光山色之中而且很宁静的养生度假中心（长期停留居住的处所）。在那里可以不花钱自己野炊、运动、阅读，与家人共度这段怡然自得的时光。

如果家中有小孩，学校的假期主要有暑假和寒假这两个长时间的假期。

德国学校的假期采取机动调整的方式，不同州的暑假或寒假时间会错开。我小时候这些休假日程表会刊登在杂志上，现在则设立专门网站公布。我们可以自己上网查询居住的州所属的春夏秋冬各时期的休假日并预作安排。

德国陆地与许多邻国接壤，因此以车辆代步的移动人口极多，如果大家都挤在同一时间出门的话，高速公路肯定大堵车。将休假日错开，不仅可以缓解交通流量，也方便民众安排假期。

另外，巴登州是德国中部的避暑胜地，每年暑假都会涌进众多游客。依惯例来说，该州每年都会视情况最后才能决定要如何安排暑假。因此，巴登州有许多私人经营的民宿应运而生，每年假期的变动对于接待者与被接待者来说都是一件辛苦的事！

5 培养宁静心灵的习惯

穿越斑马线不要奔跑

约会时如果快迟到了，一般人通常会小跑赶赴会合的地方——当然没有人喜欢迟到，但是既然已经迟到也就没办法了。穿着正式服装小跑的姿态不美观，况且也不能改变让对方等候的事实。先以电话告知对方将延迟抵达的讯息，然后镇定行动。

过马路也一样，斑马线是让行人优先通行的。既然是行人优先就不需要担忧车辆的状况而跑步穿越，大可以抬头挺胸、昂首阔步向前行。

欧洲人对于内八字站姿的人多半给予内向木讷的评价，觉得可能问他什么也答不出来。重视自我主张的西欧，不论女性或男性都可以光明磊落大步走，大家都是昂首阔步向目标迈进。

目的性购物

当你闲暇走在街道上时，四周橱窗的视觉刺激立刻汹涌而来。我很喜欢欣赏它们，但是除非我有采购需求或想加深对某商品印象时我才会去看，不然我会避免去接触它们。因为我认为逛街是很累人的事。

在店里看见商品时，人的大脑经常想着："漂亮？不漂亮？想要？不想要？"如果遇上喜爱的物品，确认过它的价格之后，像"价格合理吗？要不要买下来？不、不要，我想还是不适合，现在不买好了！"等思绪又开始在心里不停地煎熬着。

店内的商品只要有钱就可能得手。因此，若真的想放松，就算遇到想要的商品也不要去买，若想观赏美好的事物，或许到美术馆看展览更合适。美术馆里的各种艺术品所散发的美感，更令人倾心。

知足

这是一位印度籍版画家友人来日本旅行所发生的事。她对我说："明天要去银座，所以想顺便去搜寻附近美术馆或美术展的相关讯息。"于是我替她找了许多地方，并考虑各种前往的可能路线。

当天，我带她参观的第一个展览就让友人激赏不已。负责介绍的我当然非常开心，于是不假思索地对她说："那我们接着去下一个场馆吧！"结果她向我表示："今天这样就好了，刚才的展览已经令我非常满足了。""要是再看的话，我怕会忘记刚才参观时的感动。若不是最初看的展览让我那么感动的话，我会想再看看其他的。"她的想法正是指一天之内心中所能消化的感动量有限。

于是，我们中午结束这次的参观行程，然后一起去喝个下午茶，再到皇居附近散散步，悠闲地度过了这一天。

不被广告迷惑

　　德国人是一个多疑的民族，很多情况下心里都会有"别被骗了"的感觉。面对广告也同样如此思考。的确，如果没有广告，我们会不知道世界上有什么样的商品，它们有什么特色，或许选择的范围就会变小。但广告终究是为了销售商品而宣传的，以德国人的思考逻辑不可能这么轻易相信广告。不论广告里如何强调衣服的优点，也并不能保证自己穿起来一定会像广告里所说的那么舒适。因此得靠自己判断其款式是否适合自己。

　　品牌服饰的质量通常比较可靠。不论材质、触感、色彩、设计方面，若有合乎自己个人风格与尺寸的品牌，倒是可以安心购买。不过，我们也不需要只购买同一个品牌的商品，不妨凭借自己制定的标准来选购，创造最适合自己的风格。

　　随着年龄增长，喜爱的品牌也会跟着改变。只要找到适合自己年龄的穿衣风格，衣服搭配就轻松多了。

品牌的质量靠内容决定胜负。即使是我喜爱的品牌，但若它的商标做得过大的话我也不喜欢。我认为没有必要成为某个品牌厂商的活动广告。再喜欢的长靴也一样，若它的品牌商标图案在明显处的话，我就不会想穿它。

自己收拾善后

我八岁那年，曾在德国外公外婆家住了一年，并且参加学校举办的暑期旅行。我们从家里出发，驱车前往八百二十公里远的目的地，投宿在位于法国境内橘郡街道上的旅馆。那是一座美丽而古老的城市，在那里我享用了一顿令我至今难以忘怀的美味早餐，我吃到有生以来最酥脆可口的牛角可颂。

早上起床梳洗过后，当我正准备离开客房前去享用早餐时，外婆怒气冲冲地叫住我。我当时不知道做错什么，结果原来是因为床铺弄得一团乱却要离开才会被斥责的。

"虽然女佣的工作是打扫房间。可是你想想，人家看见你乱七八糟的棉被会怎么想？"

外婆并不只是命令我整理床铺，而是要我思考自己睡过的床铺，得自己将棉被摊平整理好，对折铺在床铺后半部，因为稍微用点心就能让打扫的人工作起来心情愉快多了。

妹妹年轻时，和其他人一起租房住，不只女生，也有男生会来借住。虽然每个人都有自己的卧室，但厨房、厕所、浴室、客厅属于共同使用的区域。不过，每个人都会自己收拾干净，因此没有任何不愉快的经历。

德国家庭会从小培养并训练孩子养成必须自己收拾善后的习惯。不分男女，都由母亲严格要求。刷牙时若牙膏沫飞溅至镜子上，一定要自己用手或擦过脸的毛巾擦拭干净。使用完浴室和厕所之后，离开之前务必要稍微巡视一下并整理干净。即使最容易忘记"开门后要随手关门"这个动作，以及起身离开座位而忘记将拉开的椅子恢复原位等，同样都要求改正。

这些小事只要养成习惯，以后就会轻松许多，这样大家都能开心生活。

动手榨新鲜果汁

从一年多前的某个工作中，我学到有些酵素只能从新鲜食材中取得的重要性。从此之后，我买了榨汁机，如果有空的话，每天晚上，在晚餐前我都会亲手榨一杯新鲜果汁饮用。其实新鲜果汁早上喝比较理想，但在我家早上较难以实行，于是改成夜晚饮用。据说比起用餐过程或餐后，空腹喝果汁效果最佳。

果汁是由多种蔬果混合而成，若只有青菜汁喝起来很苦涩、难入喉，因此可以加入水果增加甜味，这样比较好喝。在此我介绍我家经典的两款果汁。

需要摄取铁质时，可以榨一杯含铁量高的小油菜汁。除了主角小油菜以外，可以搭配香甜的苹果一起榨汁。我也常榨卷心菜汁来饮用。因为丈夫的胃肠不好，这杯果汁加入大量有助于肠胃健康的卷心菜，喝起来不错。直接喝卷心菜汁的味道没那么好，对胃的刺激也过强，因此我会加些甜味较强的葡萄一起榨汁。

果汁榨好之后，酵素会在十五分钟内分解完毕，因此果汁要马上喝是一大重点。

除了果汁以外，为了多摄取蔬菜，我经常会替自己做一大盘蔬菜沙拉当晚餐。这是每周固定出现在我家餐桌上的餐点，莴苣上面放上水煮蔬菜、烤蔬菜、生蔬菜，有时会搭配一些鸡肉、鱼肉或坚果，然后拌入亲手调配的酱汁，最后放在盘子上。面包夹一点火腿或奶酪当晚餐也不错！

这样的餐点分量可以随个人喜好而增减，只要材料变化一下就能创新口味，而且酱汁也可以视当时心情调整，不会吃腻。以蔬菜为主的餐点要清洗的碗盘量很少，所以晚餐吃得开心又轻松。

我家必备的果汁材料：小油菜(左)和卷心菜(右)。

户外散步胜过上健身房

　　为了解决丈夫运动不足的问题，我们开始养成散步的习惯。因为工作的缘故，丈夫必须一大早起床上班，面对电脑持续工作到傍晚。一旦长时间待在公司，就很难有时间运动。因此我们想到的可行方案，就是利用他工作结束回家的这段路，改以步行回家，借此达到运动的目的。一开始的时候，是我配合丈夫工作结束时间到公司附近的地铁站会合，两人一起走路回家。刚开始走的时候，觉得五公里的路程非常远，无法走回家。但每天重复走这段路，后来连周末也不间断，现在周六、周日可以一天走上十公里。

　　户外散步的穿着随性就好，鞋子和衣服不需要局限于必须是慢跑专用，我会穿平常的牛仔裤，好穿的鞋子，背一个帆布背包或束口包，然后出发。在户外散步时，我们互相配合对方的状况，时而快走、时而漫步。有时沉默无言只有行走，有时彼此天南地北闲聊这一个礼拜以来发生的事或是忽然想到的各种问题等。对于平日很少有机会两人独处的我们来说，这是一段极珍贵的沟通时光。

散步的路径大部分是平日的路线。选择走同样的路最大的理由，在于能够清楚掌握哪里有厕所。另外，想要两人并肩步行运动，能选择的路很有限，必须是宽阔，而且周末几乎没有车辆往来的路。

我唯一在意的是尽早出门这件事。如果能在人车稀少、四周宁静的时间出门最好。早出门、早用餐、早回家、早睡午觉，这是我家最理想的周末生活。

提到外出购物，我喜欢在商店刚开始营业时抵达。时间早一点店内顾客稀少，不必人挤人，逛起来轻松自在，也不用花时间排队结账，能够快速结束采购任务。

散步是一件令人愉悦的事。步行不是跑步，步行时的速度对大脑而言是最具放松效果的律动。我记得中学的教科书里，曾提到这类描述的文章。

"骑脚踏车或开车时速度不要太快，速度过快会让你无法真实感受正在看的风景。相较之下，步行的速度是能让你体察事物，同时思考的最佳速度。"这段文字摘选自《步行速度与思考速度》一文。

我个人不太擅长运动，也没去过健身房运动。我习惯以日常生活能自然达成运动效果的运动，像是走路到车站，像不搭地铁以走路取代或是在车站里不搭电梯走楼梯等方式来健身。

在此向读者介绍我喜爱的三条散步路线。

※路程一：往返日比谷大道到丸之内大道之间

出发地点从港区芝浦的NEC总公司前面，由这里朝日比谷大道皇居方向迈进。日比谷大道的人行道十分宽阔，周末中午前的时间车流量较少，非常适合散步。因为沿途有行道树，即使是酷热的天气也能在树荫下散步。

来到芝公园附近绿意渐增，道路造景令人心旷神怡。经过增上寺之后抬头深呼吸就可以看见巨木参天，路旁也有随着季节更替的花草景致，令人心旷神怡。

左边可以看见东京王子饭店，附近有一家我偶尔会去光顾的比利时面包店"可迪迪亚面包"。这家店七点半开始营业，环绕绿意下的露台座位十分具有吸引力。

再步行一段路之后，来到办公室林立的街道，依序走过日比谷公园、帝国饭店（这里的花也好美喔！），到皇居护城河处朝左边观看，是丸之内警察局，在那右转，进入日比谷大道后方一条被称为丸之内仲通大道的路。这里的行道树十分密集，行人徒步区有欧洲石垣造景的步道，在这里散步可以让人心情很放松，沿途绿意盎然且设有休息用的长椅，非常适合行人散步。

经过丸大楼前方的中央邮局，穿越过整修中的东京车站，朝东京国际论坛前进。如果想稍微奢侈享受一下，可以到右边的VIRON面包店（VIRON早上十点钟开始营业）的露台上品尝香浓的咖啡和美味甜点。每个月第一和第三个周日，东京国际论坛前的广场会举办大江古董市集，我喜欢到那里稍微逛逛，这也是散步的乐趣之一。

绕过JR（日本国有铁道的简称）有乐町车站前的铁路，来到银座中央大道。如果肚子饿想吃点什么的话，银座MEL-SA百货七楼有一家"寺方荞麦"是我最近常光顾的店，我最喜欢吃的是味噌乌冬面。

满足口腹之欲后，再往JR新桥车站前进，经过第一饭店之后，由日比谷大道转入小巷弄里继续朝滨松町方向步行。

来到芝大门饭店往右走，没多久就能看见增上寺的大门，在这里转弯穿过寺门后，左边有一家星巴克咖啡，天气好时，我会在这家星巴克外面的露天座位喝杯咖啡，这里是绝佳的阅报地点。

朝增上寺方向步行后向左转，再度穿过日比谷大道，不久马上可以回到出发点NEC大楼。这一段路程大约十公里。

※路程二：由日比谷大道到新桥短途步行

如果想做短程散步，起点可以比照"路程一"，走日比谷大道、丸之内仲通大道，从JR东京车站前起，朝JR有乐町车站前方折返。穿过回廊后，可以到星巴克咖啡的户外露天座

位喝茶，中途不去其他地方可直接从JR新桥车站搭电车回家。这段路程大约六点五公里。

※路程三：由芝浦往返日本桥

若是丈夫要去位于日本桥的理发厅修剪头发时，我们就会走与平时不同的路。

由JR田町车站芝浦方向的田町保龄球馆出发，经过YANASE门市前面，朝东芝总公司方向迈进。往JR滨松町车站的路上有一段上坡阶梯，爬上去可以直通世界贸易中心，顺着这条路可以走到通往建筑物外的天桥。

下天桥之后，我们会穿越小巷弄往汐留方向前进。虽然巷弄路线错综复杂，但我们步行通过的时间大多没有车辆通行，因此可以不受拘束地漫步其间。

最近不少巷弄都在施工，因此我们开始尽量避开汐留方向的路，改走昭和通。从那里直接走到日本桥，可以赶上与理发师约定的十点钟。我在江户桥一丁目和丈夫各分两路之后，通常会左转来到COREDO日本桥复合式商业大楼前，再左转进入ILLY精品咖啡店，在ILLY精品咖啡店里喝杯水蜜桃茶，并且阅读书报。

等丈夫理发完毕，会前来与我会合，我们再继续散步。我们通常朝着银座方向步行，在中央大道附近折返。如果状况允许的话，也会到位于京桥警察博物馆前的INAX书店（周日休息）逛逛。这间书店装潢得小巧精致，书店里陈列许多有关室内装潢或生活品位的书籍，是一间非常棒的书店。

肚子饿的时候我们会去位于银座MELSA百货四楼的印度料理餐厅"Old Delhi"用餐。我最爱吃这家店的香料奶油鸡和香料奶油虾。和"Old Delhi"位于同一楼层，MELSA百货专门提供快速修改服务的专柜是我的救星，这里可以替顾客快速地修改裤长。

如果我们想步行稍远的距离，就不会在银座用餐，而是直接走过银座中央大道，以"路程一"的路径从新桥往滨松方向走。当滨松町大门出现在右边时就立刻左转，转弯后立刻可以在右边看见一家中华料理店"新亚饭店"，它的小笼包

非常美味。我通常会点小笼包、季节限定的炒豆苗和米饭充
当午餐。

再度走回"路程一"相同的路线回家，这段路程总长大
约十公里。

◎外公快乐的老年生活

每个人的人生目标各不相同。有的人决定永远不退休而努力不懈，也有像我外公这样享受退休生活的人。

第二次世界大战爆发时，当时才十七八岁的外公立刻被派去打仗。虽然战后他奇迹般地回到家人身边，但随后却成为国内的难民，必须在陌生的土地上重新谋生。当年只穿着身上的衣服，和脚上那双鞋子逃离家乡，一切从零开始，靠自己的力量赚钱生活。

他和外婆二人胼手胝足努力工作，为了存钱彻底节省，避免生活上的浪费，买下了属于自己的房子（类似日本的公寓）。

虽然过得是节俭的生活，但毫无生活享受也是没有乐趣的。二十世纪七十年代尚处于独裁政权下的西班牙，因为加入国际货币基金组织，而在经济上有不错的发展。比起德国，西班牙的气候条件优良，加上土地价格出奇得便宜，因此在当时掀起一股兴建别墅的热潮。

那个时期，外公在巴伦西亚（Valencia County）附近的丹尼尔（Denia）街，买了一栋靠海的公寓。

德国人即便是在公司工作的上班族，也都有假期去度假的习惯。外公外婆还在工作时，也会带我们这些孙子们，利用暑假和春假几个礼拜的时间去西班牙度假。外公外婆的梦想是年老之后，一年当中能有一半的时间在西班牙生活。

或许是因为外公曾经在四十多岁时生过一场大病的缘故，他深感时间的可贵。虽然拥有一份热爱的工作，但最后他仍然无法如愿持续工作至退休年龄，于是他提出提早退休的申请。

外公很谨慎地使用退休金，但还不至于节省到让生活质量变差。生活朴实的外公曾表示，他有足够的存款可以度过退休生活。虽然外公喜爱喝红酒，但他认为即便如此也不需要每天喝一瓶五千日元的红酒，他说他钟爱的千元红酒适合他的身份，喝这种酒就很享受了。

今年外公即将年满九十岁。很遗憾的是，外婆过世已经超过十年了。外婆曾经一度因为脑中风而出现阿尔茨海默病，外公多次带着生病的外婆到西班牙休养。我也曾在那段时期前往西班牙与他们会合，大家常一同外出用餐，度过许多快乐时光。

过去为了节省开支，外公外婆什么事都自己动手做，贴壁纸、缝制窗帘等，西班牙的家和德国的家都打理得整洁明亮。

外公外婆退休之前，每次去西班牙度假都会停留两至四周，退休之后则一次都会待三个月以上。故前往西班牙必须携带许多行李，因此比起搭飞机，还不如开车划得来。为了节省开支，沿途他们不投宿旅店，两人轮流开车，彻夜行驶这段大约两千公里的路程。

当年西班牙还没有高速公路，因此得沿着地中海沿岸公路行驶，途中经过许多村庄。为了节省用餐支出，我们通常会把大家喜爱的食物（面包、奶酪等）装满行李箱，然后出发。若是旅途一路顺畅，行程没有很紧凑的话，我们会在杜伊斯堡（Duisburg）和丹尼尔（Denia）之间一处称为橘郡的小镇投宿一晚。

现在则多半是搭飞机前往西班牙，外公总是尽可能长时间待在西班牙，享受悠闲的生活。

飞机抵达巴伦西亚之后，通常会有一位住在当地的德国人开着我们的车到机场接我们（从一百公里外远道而来）。由于没有车寸步难行，我们买了一辆小车寄放在当地。我们的汽车钥匙就是寄放在他那里。此外，在我们抵达的前一天，通常也会有一位西班牙籍女性事先到家里打扫，我们同样将房屋钥匙寄放在她那里。等我们回国之后，她会负责清扫、洗衣与关闭门窗。多亏她多年来帮忙打理，九十岁的外公才得以舒适地在西班牙休养生息。

外公也有其他朋友与他同时期在西班牙度假胜地购置别墅。然而他们的人数在逐年递减中，因此与老友见面就成为外公的一大乐事。

6 人际交往的习惯

不要说"随便都好"

受邀至他人家中，如果被问到"你要喝咖啡，还是红茶"的时候，往往不自觉会回答："随便都好，和大家一样就可以了。"在重视和谐的日本，这种回答很得体。但是对西方人而言，自己不决定要喝什么，反而要服务生代替你做决定的做法，会给人一种幼稚的感觉。这样的回答代表那个人自己拿不定主意，必须别人代劳才行，那样反而会令人为难。

既然心中已决定喝咖啡或红茶都可以的话，就清楚地告诉对方"请给我咖啡"或"请给我红茶"，这是一种礼貌。对于接待者而言，也能因为能给客人提供喜爱的饮品而获得满足感。

关于送礼

　　如果礼物送到心坎儿里时，我们肯定会非常开心，但若收到的礼物是别人精心挑选但你不喜欢的话，就只能说真的很遗憾了。谈到这件事，我就想起妹妹的朋友——芭芭拉小姐。我希望自己也能成为像芭芭拉小姐一样的送礼高手，她总能送出最合适的礼物。

　　在德国，每逢有人生日，依照惯例寿星本人会邀请朋友来参加生日宴，或找一家餐厅招待朋友用餐，亦是自己亲手烤蛋糕拿到办公室请大家品尝。某年，芭芭拉小姐在妹妹生日之前，就事先和妹妹的每个朋友联络，芭芭拉出面筹募妹妹巴黎写生之旅的资金，因为妹妹曾说过想去巴黎写生旅行的愿望。当年她因此打电话到我位于东京的住所，我汇给她一百欧元。有的人像我一样直接付现金，有人则以"让你在巴黎喝杯茶吧"汇个十欧元当礼物，也有人只是送她风景明信片、邮票加上五欧元作为礼物等。最后妹妹拿着大家捐赠为生日礼物的资金，买了写生本和法语会话书，在她生日庆祝会当天，出发前往巴黎开始三天两夜的旅行。

对妹妹来说，唯一的任务就是旅游归来时必须让大家欣赏她的写生作品。这样的生日礼物就非常棒。

此外，我曾经在家里举办餐会时，收到一份很开心的礼物。那次是丈夫邀请公司的下属到家里吃饭，当天我在家里忙着准备餐点、打扫卫生时，忽然快递送来一盆很漂亮的花。餐会前一天一位公司同事不断向我确认家里几点有人，当时我还觉得纳闷儿，现在回想原来是因为要送花的原因呀！当然如果他到访时送我一束花，我同样会很开心，但这么一来又得立刻忙着找花瓶、担心浇水之类的事。可见那位下属的心思极为细腻，因为他知道送盆花就没有这些麻烦了，这么贴心的人真是难得一见。

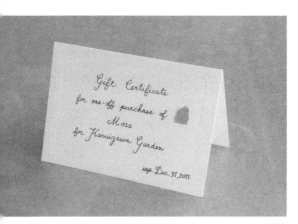

送贺卡时也是同样方式。这是预备今年在妈妈生日时送她的 买庭院苔藓送您"的生日愿望实现卡。只要拿这张卡片，我就会为母亲的庭院铺上苔藓！

收礼之后，就得考虑如何回礼！然而不是要你马上急着回礼。如何应对当然必须视彼此的交情或送礼内容而定，但若只是为了快速回礼，总觉得会让难能可贵的心意大打折扣。

　　回礼的时间一整年都可以，当我找到适合对方的物品时，与其称它为回礼，我更喜欢把它当作崭新的礼物送给对方。例如，我会送鹿儿岛二月上市的新鲜桶柑给最喜欢吃橘子的好友的小孩；看见漂亮的当地纪念马克杯时，就会买来送给喜欢收集马克杯的朋友。与其集中在岁末年终送特定的礼物，我比较喜欢针对个人有意义的时节送礼，既自然又有乐趣。

眼神交会

人与人的眼神交会是为了寻求彼此的认同。说话的时候看着对方，代表"我正在跟你说话"之意。

德国人很重视打招呼，人与人见面时一定要打招呼。对店里的服务人员也一样，不论自己或店里的服务人员，彼此地位是对等的。在德国，不论搭出租车、逛时装店或是上餐馆，只要与负责接待者目光交会时，一定会打招呼说声："Guten Morgen!"（早安）、"Guten Tag!"（日安）、"Guten Abend!"（晚安），大家都习惯互相问好。

不需要说德文，只要看着对方的眼睛，确认对方的存在，同时面带微笑说声"你好"就可以了。

在休闲露天啤酒屋或咖啡厅与他人比邻而坐时，首先要打招呼。在德国，客人之间彼此地位平等，即便只是片刻，因为是必须在同一场所共处的对象，因此要打招呼。

当你看着对方的眼睛，询问："Ist hier frei?"（请问这个空位有人坐吗?）一定会听见"Bitte sehr!"（请坐）的回答。就算两人之后没有其他对话，如果能在喝第一杯酒时向对方致意，说声"干杯!"这样打声招呼的话，彼此都会觉得很愉快吧!

不用客套

大约二十年前我还在证券公司上班时，曾经有两年时间派驻到伦敦当地。有一天，下班搭乘电梯时，电梯下了一层楼就卡住了，当时同在电梯里还有一位日本男性和一位欧美男性。然而等电梯缓缓到达一楼，电梯门一开，只见日本男性快速走出电梯。对那位日本男性而言，让比自己年轻的女性员工操作电梯按钮，由男性先行离开是理所当然之事。但是欧美男性见状大惊失色，立刻靠到一旁，按下"开"的按钮，向我致意"您先请"。

伦敦白领阶层的男性很有绅士风度。对他们来说，女性优先的礼让行为，是让自己展现绅士风范的绝佳机会。若遇到这种场合女性还客气推辞的话，伦敦男性是会很失望的。

沟通是一种游戏。游戏得在相同的条件、规则下进行，事情才能顺利推进而充满乐趣。或许有些日本读者会不太习惯女性优先，而且觉得有点不好意思，这时不妨轻轻以眼神向对方致意，说声"谢谢"，然后大方走出电梯。

拒绝的艺术

"哎！好累！"我曾在电话里向妈妈这么说。妈妈回答："你是不是忙过头了？有时候你得适当拒绝，懂得说'不'！"

确实，我常因为当下感觉不错，没有考虑周全就与人约定许多事。因为会不自觉感到不好意思，而无法明确拒绝。但是我也明白，勉强自己容易累坏身体而生病，反而带给别人更多麻烦。

举例来说，有人邀请你看展览，虽然兴趣不大却说"YES"，当下或许觉得没有什么，但是等到看展当天心情一定是意兴阑珊。因此，受邀当下即使再难开口，明确拒绝说"不"的话，当下的心情或许会受到一些影响，觉得不太愉快，但相信之后反而会感觉很轻松。

或许是德国人比较重视个人主义的缘故，我们能很擅长说"不"。我们不会找一堆理由来搪塞，会清楚说明因为很累而拒绝。相对地，邀约他人时也不会给对方压力，强迫对方答应。

　　清楚地说明白不是一件失礼的事，与含混不清的措词全然不同。这代表你是个谨慎有礼又能够充分表达自己意见的人。

　　漫长人生旅途中，时间是非常宝贵的。与人交际固然重要，但更要珍惜自己的时间，就从做好说"NO"的艺术开始吧！

在传统中注入个人风格

我选择嫁给故乡在鹿儿岛的长男当媳妇。"没问题吗?"当年很多好友都为我担心不已,但我认为不论嫁到哪里,和谁在一起,同样必须面对类似的问题。最初一定会有很多不懂的地方,这部分只能靠别人指导,慢慢适应对方家庭才能克服。唯有一次又一次地见面、不断学习、花时间相处,才能拉近心与心的距离。

现在我经常一个人回鹿儿岛的故乡,多半还是别人在指导我。婆婆、阿姨、淑子姐会教我做菜、准备各种仪式的用品。我认为不必苛求一定要百分之百合乎自己的意思。虽然大部分由我负责准备家人的餐点,不过淑子姐比我更擅长炖煮食物,偶尔我也会做几道拿手的西餐料理。第一次做意大利卤汁宽面时,看见公公吃得津津有味很开心的表情,让我感到非常满足。他还问我:"下次回来要做什么好菜给我们吃呢?"为此,每逢回故乡省亲,我都会特别采买食材做好准备。

虽然现在公公婆婆都已经过世，但我对他们的心意依旧没变。他们的丧礼和法事等仪式仍依照家族传统进行，我也在自己能掌控的范围尽心尽力。

法事结束后，淑子姐准备了一些糕点招待前来吊唁的宾客们享用。除了端出当地名产地瓜麻薯之外，也有我做的布丁可以搭配茶食用。虽然亲戚和法师们脸上有些惊讶的表情，但我觉得即使造成话题也无妨，只要大家开心就好。虽然不太合乎传统礼俗，但也在此展现出个人风格。

制造与父母约会的温馨时光

　　大约在一年前吧？有一天丈夫出去打高尔夫球，我因此拥有一整天完全属于自己的假日。当天的天气很好，手边也没什么事情，于是我决定一个人去散步。这次不是为了身体健康而走，纯粹是悠然自在地到处闲逛。走向平时不会去的地方，当我脑袋放空四处闲晃时，经常会突然灵光乍现想到好主意。那天也是这样。

　　爸爸经常到市中心办事，回去之前总会与我碰个面一起用餐，因此我们两人共处的机会很多。但妈妈就不一样，虽然我们常讲电话，但是不常见面。我心想：对啊，何不每个月与妈妈来一场文艺的约会呢？

　　住在东京这种都会中心的好处，就是展会讯息特别多。只要一个不留神，经常会错过原本想看的展览。于是我计划好一起去看妈妈一直想去的美术展，然后两人一起共进午餐，悠闲快活地消磨一整天。我们外出时一切随性，如果突然改变心意想去逛街买东西也未尝不可。我们两人就曾经放弃去上野美术馆，而改去逛ビックカメラ（BIC CAMERA）连锁电器量贩店。因为我们的目的是两个人一起度过一整天，于是这就成为我与妈妈两人的甜蜜约会。

跨越国界的和睦相处之道

人们总觉得谈起自己生长的国家心情会比较好。因为我们能够清楚地知道怎么做比较好，也晓得每件事情的正确做法，只要事情能做对，人就会比较有安全感。然而世界上还是有许多文化差异。

瑞典家具商宜家大约在二十世纪七十年代中期进入德国市场，店内规定员工一律要佩戴名牌，但这件事却引发轩然大波。瑞典人和美国人习惯直呼对方的名字，因此他们就在名牌上印制每个人的名字。但是在德国，绝大多数员工无法适应让不认识的人直呼自己的名字，因此心中产生强烈的排斥感，最后迫使德国宜家只好将名牌印上员工的全名，并且在名牌上标示"Ja"（Yes）或"Nein"（No），"Ja"（Yes）代表你可以直呼他的名字，而"Nein"（No）代表请你喊他的姓，以此来做区分。

像这类我们觉得理所当然的事，跨越国界之后有时会变得大不相同。在此我为读者介绍几个代表性的文化差异。

※坚定地握手

在德国，与人见面时要打招呼，握手是很重要的一环。无形中可以从握手的方式来判断对方是怎样的人。态度坚定明确地握手是最好的握手方式。我有一位德国女性好友，与人握手时仿佛刚和对方签完约似的，她会用力握紧你的手，上下摆动。

手部完全不施力，随便摸一下的握手方式，外公称这种方式叫作"湿抹布"。这种握手方式用在对于对方完全没有任何好恶感的人身上。基本上与人握手时，最好是带着善意且态度坚定，才能将诚意传达给对方。

※受邀到访的时间

初次接受瑞士友人邀约到他家共进晚餐，我特意稍微延迟十五分钟抵达，结果友人却是希望我分秒不差地准时到访。据说因为他习惯根据客人抵达的时间，决定何时将肉送进烤箱，十五分钟的时间差对肉块的炙烤状态会产生极大的影响。

然而我依据自己的情况，认为当我邀请别人到家中用餐时，总是忙于准备餐点到最后一刻，所以若客人太早到反而让我感到太困扰。

因此到底要准时到达，还是稍微晚点抵达，得视聚会的形态而定，必须视当时状况来思考应对。

※干杯的方式

干杯时要认真看着对方的眼睛。日本人干杯时不知何故总是举高杯子，让杯子互相碰撞，这与德国人的干杯方式有些不同。如果在露天啤酒屋之类的轻松场合聚会，这样喝啤酒干杯倒无所谓，但若是与家人围坐在桌前用餐的场合，就得采取更严谨的干杯方式。外公教我的方法如下所述。

首先，举起红酒杯，高度约在比眼睛稍微高一点的位置。接着，依序与餐桌前每个人视线相交，然后可以与离你最近的人轻碰酒杯，对离得较远的人则轻轻举高酒杯，与对方互相示意之后，再说"干杯"。这时就算杯子没碰在一起也无妨。和每个人目光接触之后，喝下第一口红酒之后，接着将酒杯稍微举高，然后与围绕桌前的亲朋好友们再次目光交会。

※打招呼

我发现在日本搭电梯时，若不认识对方的话另当别论，但即便遇到住在同栋公寓的人，也一样不太去看对方，顶多稍微点个头致意。人们仿佛习惯将对方当成空气，静默无言地让时光流逝。这种做法从某个层面来说，非常省事。

相较之下，在美国与人同乘电梯时，常有人喜欢主动与人攀谈。多半会从天气如何、你从哪里来等轻松的话题聊起。偶尔会觉得有点麻烦，但对于主动攀谈的人而言，这或许是他想表达的体贴与善意。搭电梯意味着必须和不认识的人一起待在密闭的空间里，或许是不希望对方觉得自己很奇怪，也或许是为了让彼此能够心情愉悦地度过这短短的两三分钟，有人会刻意与人攀谈。

一旦有人开口说话也不需要慌张，即使对自己的社交能力没有信心也无妨。最重要的是看着对方的眼睛，以笑容回应对方，让他了解你已经听见他的招呼声就行了。

※鞠躬行礼

有一次我在德国看见一位日本人刚下出租车，当司机从后车厢替他把行李卸下之后，那位日本人一面说"谢谢"，一面向司机先生鞠躬行礼，司机见状也朝日本客人鞠躬行礼，结果日本人又向司机再行一个更大的礼。于是这两个人就一直不断地互相鞠躬行礼着，我看那位德籍司机有点不知如何是好的样子。

行礼，对日本人而言是一种表达亲切情感的动作。西方人没有敬礼的习惯，只有在神或女王面前才会深深一鞠躬，因为低头代表服从的意思。因此对西方人而言，鞠躬行礼这件事会让他们觉得倍感压力。

※送花

收到花总是令人无限欢喜。不过要留意花各有代表性的花语，例如：西方送红玫瑰代表爱的告白"我爱你"，如果是轻松的场合送红玫瑰就不太合适了。此外，我的好友派驻在曼谷期间，参加宴会时，原本打算带一盆漂亮的兰花当作礼物，却被提醒这个礼物并不受欢迎。在日本视为珍品的兰花，对曼谷人而言却不太感兴趣，倒不如蓝色康乃馨来得讨喜。在日本，有一次我曾让丈夫帮忙买花送给刚回国的好友庆生，结果很少买花的丈夫居然买了供奉在佛坛上的菊花送人。

买花送礼的学问出乎意料地深奥。如果不清楚该送什么的时候，或许买盒巧克力反而比较没有争议。

※德国敬语

或许由于欧洲相较于美国，对彼此地位高低关系的意识较强之缘故，因此德语有敬语的表现。代表"你"（英语中的you）的德语有两个，关系亲近的对象用"Du"，初次见面不太熟悉的对象则用"Sie"。称呼"Du"的对象彼此交情可以直呼对方名字，而使用"Sie"的对象就只能用姓氏来互相尊称。

昔日德国人彼此交往时，一开始会先用"Sie"互相尊称，关系拉近之后，当某方提议"我们互相称对方Du吧！"获得双方认同之后，才能改变称谓。像我住在德国的外公与住在外公家正对面公寓的老太太是认识三十多年的朋友了，每回谈到有关她的话题时，外公总会说："我和她是'Du'的老交情了！"

对于外公那个年代的人而言，"Du"具有极珍贵的意涵。德国在世界大战结束后，为求建立自由平等的社会，对敬语的使用不如以往那么重视。特别在学生之间，直接规定一律互相称呼彼此"Du"（我在德国保守派作风的外公外婆养育下，对于与每个人都以Du来称呼有些抗拒和不习惯），甚至曾经一度流行小孩也直呼父母的名字。但我觉得这些最后一定会变成暂时性的潮流，因为现在恢复使用"Sie"的人已经渐渐增多了。

德语的敬语和日语的敬语最大的差异，在于德语不必正确判断彼此的上下关系。公司的上司对下属不会用"Du"。有时彼此私交好或互相熟识的情况下会互称彼此的名字，基本上因工作关系结识的人之间，彼此会以姓氏尊称。

在德国和初次见面的人打招呼时，无论年长或年幼者，都用"Sie"会比较好。即使是年龄相仿者之间，想以"Du"互称也必须由某方先提议为宜。如果自己称对方"Du"，而对方回你"Sie"的话，你必须用"Sie"回应才行。此外，年长的男性与比自己年轻的女性说话时，彼此交情若能从"Sie"改称为"Du"，也都是由女性这方提出"请您直接叫我的名字就行了"之后，才能正式改变成"Du"的称谓，进入"Du"的关系。

自在做自己

当我还是小学生的时候，被人问到"你比较喜欢德国，还是日本"这个问题时，总是无法回答。这个问题就好像要我"去选父母"一样，实在难以回答。

对我来说，日本和德国都是我身体的一部分，要我单独选择哪一边都不可能。童年时期，不论在日本的学校，还是德国的学校上学，大家通通称我为"外国人"，我的内心总是很受伤。

然而时至今日，我对这一切经历心存感激。正因为有这样的经历，使我能周游世界，看见世界的不同面貌，这些过程对造就现在的我而言极为重要，帮助我找到属于自己的崭新风貌。这并非因为我是日本人或是德国人，而是我认为比一切都重要的是人与人之间的沟通。沟通就像玩抛接球游戏，不论与何种文化背景的人说话，只要发挥你的想象力，就能将球抛接得漂亮又顺手。不管在什么情况下，遇到怎样的对象，只要掌握住沟通的重点，相信你也可以优雅自在地表现自我。

　　我对自己立下心愿，不论在何时、何地，与何人会面，都要保持最自然的个人风格。当然穿着和服时，会比平常多一点因穿着和服而必须采取的动作，但我认为即便如此，也不需要过度迥异于平常。因为我是日本人，也是德国人，我是两者兼容并蓄地存在着。

后记

我出生在日本，因为妈妈是德国人的缘故，家中的生活习惯属于德国风格。家里的认知和外界有很大的不同。另外，因为配合爸爸工作的关系，我小时候每隔几年就要变换居住的国家，每当这个时候，原本我熟悉的社会认知也得随之改变。爸爸的宗教信仰是佛教，妈妈是基督徒（新教），而我结婚对象的夫家则是信奉神道教。总之，我的生活被各种价值观所环绕着。

要适应新的国家或环境时，总会感到惶恐不安而觉得疲惫。但我会置身其中，观察其他人如何应对进退，或者请别人将自己的心得传授给我。我经常思考为什么？何以如此？我能感觉到这些不同的社会认知对我产生的刺激。

聆听他人言谈时保持兴趣，能从中学习到许多事情。我尽力追求让自己乐在其中、活在当下，从众多的思考模式中，慢慢培养出具有个人风格的习惯。

生活天天有新的变化，一度定下的规则也会经常与时俱变。我认为人生的要务，是让自己的思想保持柔软度，能定睛审视形势，以及寻找舒适自在的生活律动。

最后，我要感谢一直关心并协助督促本书编写进度的编辑八木麻里小姐，同时也感谢摄影师石川美香小姐的妙手拍摄助我一臂之力，真的非常感谢她们。靠我一己之力尚有许多不足之处，感谢温柔守候在我身旁的鹿儿岛家人们。此外，我也要向灵感泉源的双亲以及德国的外公外婆致谢，还有每个周末陪我一起散步的老公，真的谢谢你。

图书在版编目（CIP）数据

简单就好，生活可以很德国/（日）门仓多仁亚著；王淑娟译.--2版.--济南：山东人民出版社，2022.11
ISBN 978-7-209-13775-1

Ⅰ.①简… Ⅱ.①门… ②王… Ⅲ.①人生哲学-通俗读物 Ⅳ.①B821-49

中国版本图书馆CIP数据核字(2022)第042814号

DOITSU-SHIKI KURASHI GA SIMPLE NI NARU SHUKAN

Copyright © 2011 Tania Kadokura
Chinese translation rights in simplified characters arranged with SB Creative Corp., Tokyo
through Japan UNI Agency, Inc., Tokyo and BARDON-Chinese Media Agency, Taipei

山东省版权局著作权合同登记号 图字：15-2022-13

简单就好，生活可以很德国

JIANDAN JIU HAO SHENGHUO KEYI HEN DEGUO

[日] 门仓多仁亚 著 王淑娟 译

主管单位	山东出版传媒股份有限公司
出版发行	山东人民出版社
出 版 人	胡长青
社 址	济南市市中区舜耕路517号
邮 编	250003
电 话	总编室（0531）82098914
	市场部（0531）82098027
网 址	http://www.sd-book.com.cn
印 装	济南新先锋彩印有限公司
经 销	新华书店

规 格	32开（148mm×210mm）
印 张	5.75
字 数	80千字
版 次	2013年1月第1版
	2022年11月第2版
印 次	2022年11月第1次
ISBN	978-7-209-13775-1
定 价	42.00元

如有印装质量问题，请与出版社总编室联系调换。